高等职业教育课程改革系列教材

电工技术实训教程

主　编　容　慧　裴　琴
副主编　宁金叶　罗胜华　李书舟
参　编　周　展　周笔锋　石　琼　张誉腾
　　　　吕雨农　李信德　陆小璐　陈　新
　　　　庞积国　王增木

机械工业出版社

本书是为适应高等职业教育发展，满足电工技术与应用课程基本技能实训和综合技能实训以及高等职业院校学生专业技能抽考的需要，在总结了多年电工技术技能实训和技能抽考经验的基础上编写的。本书精心设计了各类实训项目，充分体现了高等职业教育的特色，主要内容包括电工基础知识、电工技术基础技能实训、电工技术综合技能实训等。

本书可作为高等职业院校电气自动化技术专业、机电一体化技术专业及相关专业的实训教材，也可供相关工程技术人员参考学习。本书还可作为湖南省技能抽考的指导用书，不同专业可以根据自身特点和需要进行取舍。

为方便教学，本书配有电子课件等，凡选用本书作为教材的学校，均可来函来电索取。电子邮箱：cmpgaozhi@sina.com；咨询电话：010-88379375。

图书在版编目（CIP）数据

电工技术实训教程/容慧，裴琴主编．—北京：机械工业出版社，2020.11（2022.1重印）

高等职业教育课程改革系列教材

ISBN 978-7-111-66786-5

Ⅰ.①电… Ⅱ.①容… ②裴… Ⅲ.①电工技术-高等职业教育-教材 Ⅳ.①TM

中国版本图书馆 CIP 数据核字（2020）第 198754 号

机械工业出版社（北京市百万庄大街22号 邮政编码100037）
策划编辑：王宗锋 责任编辑：王宗锋 赵红梅
责任校对：王 廷 封面设计：陈 沛
责任印制：单爱军
北京虎彩文化传播有限公司印刷
2022年1月第1版第3次印刷
184mm×260mm · 9.25印张 · 226千字
标准书号：ISBN 978-7-111-66786-5
定价：32.00元

电话服务 网络服务
客服电话：010-88361066 机 工 官 网：www.cmpbook.com
　　　　　010-88379833 机 工 官 博：weibo.com/cmp1952
　　　　　010-68326294 金 书 网：www.golden-book.com
封底无防伪标均为盗版 机工教育服务网：www.cmpedu.com

教材编写委员会

主　任	黄守道	湖南大学 教授
副主任	秦祖泽	湖南电气职业技术学院党委书记，教授
	李宇飞	湖南电气职业技术学院校长，教授
	周哲民	湖南电气职业技术学院副校长，教授
委　员	罗小丽	湖南电气职业技术学院
	蒋　燕	湖南电气职业技术学院
	罗胜华	湖南电气职业技术学院
	宁金叶	湖南电气职业技术学院
	石　琼	湖南电气职业技术学院
	李谋发	湖南电气职业技术学院
	邓　鹏	湖南电气职业技术学院
	陈文明	湖南电气职业技术学院
	李治琴	湖南电气职业技术学院
	叶云洋	湖南电气职业技术学院
	王　艳	湖南电气职业技术学院
	周惠芳	湖南电气职业技术学院
	姜　慧	湖南电气职业技术学院
	袁　泉	湖南电气职业技术学院
	裴　琴	湖南电气职业技术学院
	刘宗瑶	湖南电气职业技术学院
	刘万太	湖南电气职业技术学院
	张龙慧	湖南电气职业技术学院
	容　慧	湖南电气职业技术学院
	宋晓萍	湘电风能有限公司（高级工程师、总工）
	龙　辛	湘电风能有限公司（高级工程师）
	肖建新	明阳智慧能源集团
	吴必妙	ABB杭州盈控自动化有限公司
	陈意军	湖南工程学院（教授）
	王迎旭	湖南工程学院（教授）

FOREWORD 前 言

  本书是为适应高等职业教育发展，满足电工技术与应用课程基本技能实训和综合技能实训以及高等职业院校学生专业技能抽考的需要，在总结了多年电工技术技能实训和技能抽考经验的基础上编写的。

  全书包括三个部分：第一部分为电工基础知识，介绍了 THETEC-1B 型电工技术实验装置、电工实训基本要求与过程、用电安全知识、常用电工工具与仪表的使用、电工的职业道德以及职业技能鉴定的基本要求；第二部分为电工技术基础技能实训，以电工技术与应用课程的基本概念、基本定理与定律为基础，设置了与理论知识相结合的技能实训内容，引导学生加强对电工理论知识的强化理解与掌握；第三部分为电工技术综合技能实训，主要包含"湖南省高职院校学生专业技能考核标准与题库"中的简单电气线路安装与调试的所有内容以及继电器控制线路设计与安装调试的部分内容，主要培养学生对电气识图、电路设计、规范电气施工和电路调试与故障排查的综合电工技能与职业能力。

  本书配套有数字化教学内容，已在超星学银在线平台的学银慕课中为大家呈现，网站链接 https：//www.xueyinonline.com/detail/214113505。链接内容是以本教程主编容慧为主讲、裴琴等课程团队成员共同建设的湖南省精品在线开放课程"电工技术与应用"的数字化教学资源。包含"电工技术与应用"课程的理论知识、电工技术基本技能训练、电工基本定理与定律的验证、电工技术综合技能实训以及湖南省高等职业院校学生专业技能考核等相关内容，可供广大电工爱好者学习。

  本书由湖南电气职业技术学院容慧、裴琴担任主编，湖南电气职业技术学院宁金叶、罗胜华、李书舟担任副主编，参加编写的还有湖南电气职业技术学院周展、周笔锋、石琼、张誉腾、吕雨农、李信德以及中国兵器工业集团研究员级高级工程师陆小璐、湖南国天电子科技有限公司工程师陈新、湖湘工程有限责任公司高级工程师庞积国、湘电集团有限公司电机事业部高级技师王增木。陈意军教授担任主审。

  由于编者水平有限，书中难免有不足之处，敬请读者批评指正。

编 者

CONTENTS 目 录

前 言
第一部分　电工基础知识 1
第二部分　电工技术基础技能实训 30
　基础技能实训一　万用表的使用与电阻的测量 31
　基础技能实训二　基尔霍夫定律的验证 35
　基础技能实训三　电路中电位与电压的测量 39
　基础技能实训四　电阻的串、并联等效变换 42
　基础技能实训五　直流电阻电路故障的检测 46
　基础技能实训六　叠加定理的验证 50
　基础技能实训七　戴维南定理的验证 53
　基础技能实训八　RLC 串联交流电路的测量 57
　基础技能实训九　RLC 并联交流电路的测量 61
　基础技能实训十　功率因数的提高 64
　基础技能实训十一　三相负载的星形联结 67
　基础技能实训十二　三相负载的三角形联结 71
　基础技能实训十三　互感电路 74
第三部分　电工技术综合技能实训 77
　综合技能实训一　三相异步电动机极性的判定 78
　综合技能实训二　单相变压器同名端的判定 82
　综合技能实训三　交流接触器的拆装 85
　综合技能实训四　电容法测量三相交流电的相序 91
　综合技能实训五　等径导线的 T 形连接 95
　综合技能实训六　照明电路的安装与调试 100
　综合技能实训七　带电流互感器的单相电能计量电路的安装与调试 107
　综合技能实训八　带电流互感器的三相电能计量电路的安装与调试 111
　综合技能实训九　三相异步电动机点动正转控制电路的安装与调试 116
　综合技能实训十　三相异步电动机自锁正转控制电路的安装与调试 121
　综合技能实训十一　具有过载保护的三相异步电动机自锁正转控制电路的安装与调试 126
　综合技能实训十二　接触器互锁的三相异步电动机正反转控制电路的安装与调试 132
　综合技能实训十三　接触器按钮联锁的三相异步电动机正反转控制电路的安装与调试 137
参考文献 142

第一部分

电工基础知识

一、THETEC-1B 型电工技术实验装置简介

THETEC-1B 型电工技术实验装置如图 1-1 所示，由湖南电气职业技术学院与浙江天煌科技实业有限公司联合研制，是学校与企业共同研发的成果。其性能优良可靠、操作方便、结构新颖、资源丰富、扩展性强，能够充分满足学校电工技术与应用实训教学需求。本装置由实训台、电工元件模块、导线/线缆等组成。实训台由铁质喷塑材料制成，一体式设计，可同时进行两组实训；电工元件模块可根据实验要求，自行选择；配套有搭建电路所需的各种导线或线缆，以满足实验需求。

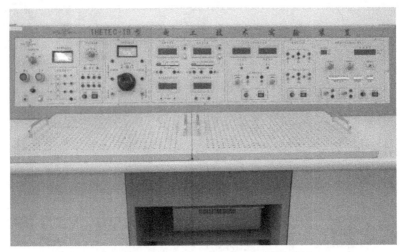

图 1-1　THETEC-1B 型电工技术实验装置

二、电工实训基本要求与过程

1. 电工实训的基本要求

电工实训是机电一体化技术、电气自动化技术、生产过程自动化技术等各专业人才培养方案的重要组成部分之一，是实现专业人才培养目标，强化岗位职业能力的主要实践性教学环节。电工实训项目主要在校内电工实训基地与校外合作企业共同完成。为了保证电工实训的正常进行，达到实训课程的目标，应做到以下几点：

1) 实训之前学生要认真阅读实训规则制度。

实训室内挂有实训规则制度，实训之前由实训教师强调实训规则制度。参加实训的学生一方面在实训室现场要严格遵守实训纪律，不乱扔杂物，不乱拉乱动现场设备，保持工作岗位干净、整洁；另一方面注意爱护实训设备、工具、材料，节约实训材料，并认真保管好自己的各种物品。

2) 严格服从实训教师的安排。

按照实训教师的安排在规定的工作台上完成实训规定的内容，不得随意离岗、串岗；不得做与实训无关的其他事情。

3) 做到课前预习、复习。

每次课前按照教材预习实训内容，明确实训目的，复习与实训内容相关的理论知识；做

到思想上高度重视、全身心投入,"理论与实践"结合,"预习与复习"兼顾。

4）认真听讲、做笔记。

上课时认真听取指导教师的讲解,仔细观察指导老师的示范,严格按照电气操作的工艺要求开动脑筋,勤学苦练,对电气操作的特点、方法、步骤及技巧要认真做好笔记;按要求完成每个实训内容,实训结束后需认真完成实训报告。

5）做到安全文明生产。

在实训过程中,参加实训的学生要增强安全意识,时刻注意人身与设备安全,严格遵守安全操作规程,做到"安全实训、文明实训";同时除了提高自身的操作技能外,还要有意识地培养热爱劳动、团结协作、安全生产的思想观念和吃苦耐劳、乐于奉献的优良品德,全面提高自身的综合素质。

2. 电工实训的过程

1）实训预习。

认真预习是做好实训的关键。预习的好坏不仅关系到实训能否顺利进行,而且直接影响实训效果。预习应按本书的实训要求进行,每次实训前要认真复习相关理论知识,了解器件和仪表的使用,对如何开展实训做到心中有数。

实训预习阶段还可根据实训目的,拟定实训方法和步骤,拟好记录数据的表格,列出实训所需的主要元器件和仪表。

2）实训操作与数据记录。

为培养学生养成良好的电工操作习惯和遵守基本的电工技能规范以及安全用电常识,学生务必严格按照实训的实施步骤开展电工实训项目的操作。

实训过程中的数据记录是培养学生追求真理、求真务实的一个过程,同时也是实训过程中的第一手资料,应如实记录。实训过程中所测得的数据应合理、正确,符合相关电工理论规律;对于不符合规律的,可认为数据错误,应及时找出原因,修正电路,重新测试,直到数据正确为止。

3）实训报告。

完成实训报告是培训学生科学总结和分析思考能力的有效手段,也是一项重要的基本功训练,它可以很好地巩固实训成果,也可以加深对理论知识的理解,起到总结和提升的作用。

实训报告是一份技术总结,要求文字简洁、内容清楚、图表工整。报告内容应包括学习目标,实训涉及的工具、仪表与器材,实训数据和实训总结等,其中实训数据和实训总结是报告的主要部分,它应真实反映实验的操作过程和实训数据,实训记录的数据应正确,表格绘制工整,不可随手画出。

实训总结也是实训报告不可或缺的一部分,一般应对重要的实训现象、结论加以讨论,写出真实的心得体会,以便对相关理论知识进一步加深理解;对实训过程中出现的异常现象,也可做简要说明,对实训中有何收获谈一些感悟。

4）实训注意事项。

✓ 上课前穿好工作服,女同学不得披发。不准穿背心、拖鞋和戴围巾进入实训场地;严禁在实训场内吃东西、扔垃圾。

✓ 在实训课上要团结互助,遵守纪律,不准随便离开实训场地。在实训中要严格遵守安全操作规程，避免出现人身和设备事故。

✓ 学生除在指定的设备上进行操作外，其他一切设备、工具不经实训指导教师同意不准擅自动用。

✓ 注意防火和安全用电，设备及电源使用前要检查，如果发现有损坏或其他故障时，应停止（对于通电使用的电气设备出现故障，应立即关闭电源）使用并报告实训指导教师，不得擅自处理。

✓ 使用电气设备时，必须严格遵守操作过程，防止触电。

✓ 文明实训，爱护电工工具、电气元器件和实训场地的其他设备、设施，节约原材料和其他辅助材料。工作台及实训场地要保持整齐和清洁，使用的工具、电气元器件应摆放整齐。

按照以上实训的注意事项，实训指导教师在课间应多与学生交流，了解学生的学习情况，培养学生爱岗敬业、团队协作精神，并注重保持学生身心健康；通过各种过程能力考核，培养学生踏实肯干、积极向上、不怕困难的探索精神。

三、用电安全知识

1. 人身安全

人身安全是指人在生产和生活中防止触电及其他电气伤害。电流对人体伤害的严重程度与通过人体电流的大小、频率、持续时间，通过人体的路径及人体电阻的大小等多种因素有关。

（1）电流大小　通过人体的电流越大，人体的反应就越明显，感应就越强烈，引起心室颤动所需的时间就越短，对人的致命危害就越大。持续时间越长，死亡的可能性越大。

对于工频交流电，按照通过人体电流的大小和人体所呈现的状态的不同，可以分为以下三种：

1）感知电流：是指引起人体感觉的最小电流。实验表明，一般成年男性的平均感知电流约为1.1mA，成年女性的平均感知电流约为0.7mA。

2）摆脱电流：是指人体触电后能自主摆脱电源的最大电流。实验表明，一般成年男性的平均摆脱电流约为16mA，成年女性的平均摆脱电流约为10mA。

3）致命电流：是指在较短的时间内危及生命的最小电流。实验表明，一般当通过人体的电流达到30~50mA时，中枢神经就会受到伤害，使人感觉麻痹，呼吸困难。如果通过人体的工频电流超过100mA，在极短的时间内，人就会失去知觉而死亡。

（2）电流频率　一般认为，频率为40~60Hz的交流电对人体最危险。随着频率的增加，危险性降低。高频电流不仅不伤害人体，还能治病。

（3）通电时间　通电时间越长，人体电阻因多方面的原因会降低，导致通过人体的电流增加，触电的危险也会随着增加。

（4）电流路径　电流通过头部可使人昏迷，通过脊髓可能导致人瘫痪，通过心脏会造成心跳停止及血液循环中断，通过呼吸系统会造成窒息。因此，从左手到胸部是最危险的电流路径，从手到手、从手到脚也是很危险的电流路径，从脚到脚是危险性较小的电流路径。

（5）人体电阻　人体电阻包括内部组织电阻（称为体电阻）和皮肤电阻两部分。皮肤电阻主要由角质层决定，角质层越厚，电阻就越大。人体电阻一般为1500~2000Ω，为保险起见，通常取 800~1000Ω。

影响人体电阻的因素很多，除皮肤厚薄外，皮肤潮湿多汗、有损伤、带有导电性粉尘等都会降低人体电阻阻值。

(6) 电压的影响　从安全的角度考虑，确定人体触电的安全条件通常不采用安全电流而是用安全电压，因为影响电流变化的因素太多，而电力系统的电压是较为恒定的。

安全电压是指不会使人直接致死或致残的，由特定电源供电所采用的电压系列。安全电压应满足以下三个条件：

1) 标称电压不超过交流 50V、直流 120V；
2) 由安全隔离变压器供电；
3) 安全电压电路与供电电路及大地隔离。

一般环境条件下，允许持续接触的"安全特低电压"是 36V。行业规定安全电压为不高于 36V，持续接触安全电压为 24V，安全电流为 10mA。电击对人体的危害程度主要取决于通过人体电流的大小和通电时间的长短。

我国规定的安全电压额定值的等级为 42V、36V、24V、12V、6V。当电气设备采用的电压超过安全电压时，必须按规定采取防止直接接触带电体的保护措施。

2. 设备安全

设备安全是指电气设备、工作设备和其他设备的安全。设备安全主要考虑下列因素：

(1) 电气装置安装的要求

1) 总开关、刀开关都不能倒装，如果倒装，就有可能自动闭合，使电路接通，这时如果有人在检修电路，会非常危险。
2) 不能把开关、插座或接线盒等直接装在建筑物上，而应安装木盒；否则，建筑物受潮时，就会造成漏电事故。

(2) 不同场所对使用电压的要求

1) 在无高度触电危险的建筑物场所，如住宅、公共场所、生活建筑物、实验室、仪表装配楼、纺织车间等，各种易接触到的用电器、携带型电气工具的使用电压不得超过 220V。
2) 在有高度触电危险的建筑物场所，如金工车间、锻工车间、电炉车间、泵房、变配电所、压缩机站等，各种易接触到的用电器、携带型电气工具的使用电压不得超过 36V。
3) 在有特别触电危险的建筑物场所，如铸工车间、锅炉房、漆化料车间、化工车间、电镀车间等，各种易接触到的用电器、携带型电气工具的使用电压不得超过 12V。在矿井和浴池之类的场所检修设备时，常使用专用的工频 12V 或 24V 的工作手灯。

3. 电气防火与防爆

各种电气设备的绝缘物质大多属于易燃物质。运行中导体通过电流要发热，开关切断电流时会产生电弧，短路、接地或设备损坏等也可能产生电弧及电火花，这都可能将周围易燃物引燃，造成火灾或爆炸。

(1) 电气设备造成火灾和爆炸的主要原因

1) 电气设备选型和安装不当，如在有爆炸危险的场所选用非防爆电机、电器，在存有汽油的室中安装普通照明灯，在有火灾和爆炸危险的场所使用明火，在可能发生火灾的设备或场所中用汽油擦洗设备等，都会引起火灾。

2）设备故障引发火灾，如设备的绝缘老化、磨损等造成的电气设备短路；设备过负荷、电流过大引发火灾，如电气设备规格选择过小、导线截面积选得过小、负荷突然增大、乱拉电线等。

（2）电气消防知识　在电的生产、传输、变换和使用过程中，由于线路短路、接点处发热、电机的电刷摩擦打火、电机长时间过载运行、油开关或电缆头爆炸、电热设备使用不当等原因，可能引起电气火灾。作为一名电工技术或电气操作人员应该掌握必要的电气消防知识，以便在发生电气火灾时，能正确运用灭火知识，指导和组织人员迅速灭火。

1）电气火灾的危害很大，发生火灾时不要惊慌，应尽快切断电源，防止火势蔓延，组织人员迅速报警。

2）灭火人员不可将身体及手持的灭火器碰到带电的导线或电气设备，防止发生触电事故。

3）电气火灾禁止用水和泡沫灭火器灭火，应采用黄砂及二氧化碳、四氧化碳、干粉灭火器灭火。

4）处于火灾现场危急情况下，为了争取灭火的主动权，以最快的速度控制火势，在保证人身安全的情况下可以带电灭火，在适当时再切断电源，一定要注意安全。

5）对于旋转电机引起的火灾，为了防止矿物质落入设备内部，击穿电机的绝缘层，一般不宜用干粉灭火器、砂子、泥土灭火。

四、常用电工工具与仪表的使用

1. 通用电工工具

通用电工工具是指电工随时都可能使用的常备工具。

（1）螺钉旋具　螺钉旋具是一种紧固或拆卸螺钉的工具。

1）螺钉旋具的样式和规格。

螺钉旋具按头部形状的不同，可分为一字形和十字形两种。

一字形螺钉旋具常用的规格有 50mm、100mm、150mm 和 200mm 等，电工必备的是 50mm 和 150mm 两种。十字螺钉旋具专用于紧固或拆卸带十字槽的螺钉，常用的规格有 4 个：Ⅰ号适用的螺钉直径为 2 ~ 2.5mm，Ⅱ号适用的螺钉直径为 3 ~ 5mm，Ⅲ号适用的螺钉直径为 6 ~ 8mm，Ⅳ号适用的螺钉直径为 10 ~ 12mm。

2）使用螺钉旋具的安全知识。

电工不可使用金属杆直通柄顶的螺钉旋具，否则使用时很容易造成触电事故。

使用螺钉旋具紧固或拆卸带电的螺钉时，手不得触及螺钉旋具的金属杆，以免发生触电事故。为了避免螺钉旋具的金属杆触及皮肤或临近带电体，应在金属杆上套绝缘管。螺钉旋具的正确使用姿势如图 1-2 所示。

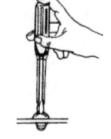

a) 正确使用姿势一　　　　b) 正确使用姿势二

图 1-2　螺钉旋具的正确使用姿势

（2）钢丝钳　钢丝钳分为铁柄和绝缘柄两种，电工用钢丝钳为绝缘柄，常用的规格有

150mm、175mm 和 200mm 三种。

1）电工钢丝钳的构造和用途。

电工钢丝钳由钳头和钳柄两部分组成，钳头由钳口、齿口、刀口和铡口四部分组成。钢丝钳的用途很多，钳口用来弯绞或钳夹导线线头；齿口用来紧固或起松螺母；刀口用来剪切导线或剥削导线绝缘层；铡口用来铡切电线线芯、钢丝或铅丝等较硬金属。其构造及用途如图 1-3 所示。

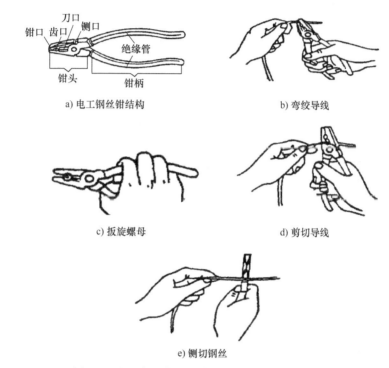

图 1-3　电工钢丝钳的结构和用途

2）使用电工钢丝钳的安全知识。

使用电工钢丝钳以前，必须检查绝缘柄的绝缘是否完好。如果绝缘损坏，进行带电作业时，会发生触电事故。用电工钢丝钳剪切带电导线时，不得用刀口同时剪切相线和中性线，以免发生短路。

（3）尖嘴钳　尖嘴钳的头部尖细，适合在狭小的工作空间操作。尖嘴钳也有铁柄和绝缘柄两种，绝缘柄耐压为 500V，其外形如图 1-4a 所示。

（4）斜口钳　斜口钳又称为断线钳，钳柄有铁柄、绝缘柄和柄管三种形式，其中电工用的绝缘柄斜口钳的外形如图 1-4b 所示。斜口钳的耐压为 1000V，专供剪断较粗的金属丝、线材及电线电缆等。

（5）剥线钳　剥线钳是用于剥削小直径导线绝缘层的专用工具，其外形如图 1-4c 所示。它的手柄是绝缘的，耐压为 500V。使用剥线钳时，将要剥削的绝缘长度用标尺定好后，即可把导线放入相应的刀口中（比导线直径稍大），用手将钳柄一捏，导线的绝缘层即被剥离自动弹出。

（6）电工刀　电工刀是用来剥削电线线头、切割木台缺口、削制木榫的专用工具。电

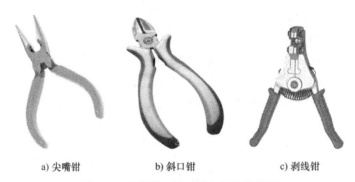

a) 尖嘴钳　　　　b) 斜口钳　　　　c) 剥线钳

图 1-4　尖嘴钳、斜口钳、剥线钳外形

工刀的外形如图 1-5a 所示。

使用电工刀时，应将刀口朝外剥削。剥削导线绝缘层时，应使刀面与导线成较小的锐角，以免割伤导线。剥削导线的方法如图 1-5b 所示。

安全使用电工刀应注意以下几点：使用电工刀时应注意避免伤手；电工刀用完后，随即将刀身折进刀柄；电工刀刀柄是无绝缘保护的，不能在带电导线或器材上剥削，以免触电。

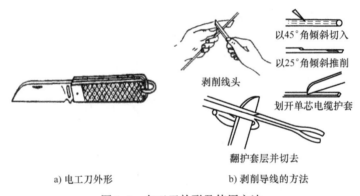

a) 电工刀外形　　　　　　　　b) 剥削导线的方法

图 1-5　电工刀外形及使用方法

（7）活扳手　活扳手又称为活络扳手，是用来紧固和起松螺母的专用工具。

活扳手的结构如图 1-6a 所示。使用过程中，扳动大螺母时，需用较大力矩，手应握在手柄尾部，如图 1-6b 所示；扳动小螺母时，需要的力矩不大，但螺母过小，容易打滑，故手应握在靠近头部的地方，如图 1-6c 所示，可随时调节蜗轮，收紧活络扳唇防止打滑。

a) 外形结构　　　　　b) 使用方法一　　　　　c) 使用方法二

图 1-6　活扳手的结构与使用

2. 专用电工工具

（1）试电笔　试电笔又称为低压验电器，是电工常用的一种辅助安全工具，用于检查 500V 以下导体或各种用电设备外壳是否带电（即和大地之间是否有电位差）。

1）试电笔的结构。

试电笔有钢笔式和螺钉旋具式。其中，钢笔式结构的试电笔前段有金属探头，笔尾有金属体（金属挂钩），内部有发光氖管、减压电阻及弹簧，其外形结构如图1-7所示。

图1-7　试电笔外形结构

2）使用试电笔的安全知识。

在使用试电笔时，必须用正确的方法握好，用手指触及笔尾金属端，使氖管小窗朝向自己，如图1-8所示。

图1-8　试电笔的正确握法

用试电笔测量前，应先在确认的带电体上试验，以证明试电笔是否良好，以防因氖管损坏而得出错误的判断。

使用试电笔时一般应穿绝缘鞋。

在明亮光线下测试时，往往不易看清氖管发出的辉光，此时应注意避光仔细测试。

有些设备特别是测试仪表，工作时外壳往往因感应带电，此时用试电笔测试会显示有电，但不一定会造成触电危险。这种情况下，必须用其他方法（如万用表测量）判断是真正带电还是感应带电。

螺钉旋具式试电笔笔尖的金属体较长，应加装绝缘套管，以避免测试时造成短路或触电事故。

使用完毕后，要保持试电笔清洁，并放置在干燥处，严防碰摔。

对于安全电压为36V以下带电体，试电笔往往无效。

（2）手电钻　手电钻就是以交流电源或直流电池为动力的钻孔工具，是手持式电动工具的一种。它广泛应用于建筑、装修、家具等行业，用于在物件上开孔或洞穿物体，有的行业也称为电锤。

1）手电钻的外形结构。

手电钻的主要构成：夹头、减速箱、电枢、定子、机壳和开关等，其外形如图1-9所示。

2）使用手电钻的安全知识。

较长时间未用的手电钻在使用前应用绝缘电阻表测量其绝缘电阻，一般不应小于0.5MΩ。使用220V的手电钻时，应戴绝缘手套；潮湿环境下应使用36V安全电压。

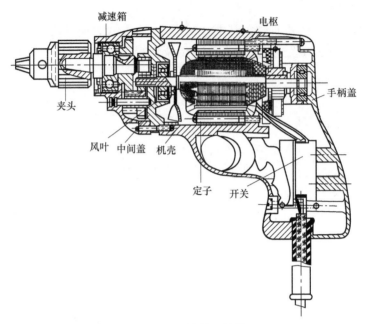

图1-9 手电钻外形结构

根据所钻孔的大小，合理选择钻头尺寸；钻头装夹要合理、可靠。钻孔时，不要用力过猛；当转速较低时，应放松压力，以防电钻过热或堵转。

被钻孔的构件应固定可靠，以防随钻头一并旋转，造成构件的飞甩。

3. 指针式万用表

万用表是一种可测量多种电量的多量程便携式仪表。一般万用表可以用来测量直流电流、直流电压、交流电压、交流电流、电阻等，有的万用表还可以测量音频电平、电容、电感及晶体管的 β 值等。

万用表按照指示方式的不同，可以分为指针式万用表和数字式万用表两种。指针式万用表的表头为磁电式电流表，数字式万用表的表头为数字电压表。

(1) 指针式万用表的使用　指针式万用表的型号很多，但测量原理基本相同，使用方法相似。下面以电工测量中常用的 MF500 型指针式万用表为例，说明其使用方法。

1) 使用前的准备。

使用指针式万用表前，应将其水平放置好，先进行机械调零，看指针是否指向电压档零刻度线，如未指向零点，应旋动机械调零旋钮，使指针准确指向电压档零刻度线。MF500 型指针式万用表外形如图 1-10 所示。

机械调零完成后，若要测量电阻值，还需进行欧姆调零。将万用表功能旋钮旋至"Ω"档；档位旋钮旋至"Ω"档，量程"100"；万用表红表笔接"+"接线端，黑表笔接"＊"接线端；短接红黑表笔，观察指针是否指向电阻档零刻度线，如未指向零点，应调节欧姆调零旋钮，使指针指向表盘的右侧电阻档零刻度线位置，完成欧姆调零操作。

MF500 型万用表有两个转换开关：功能旋钮和档位旋钮，可以用来选择测量的电量和量程，使用时应根据被测电量及其大小选择合适的档位。在被测量大小不详时，应先选用较大的量程测量，如不合适再改用较小的量程，应尽量使表头指针指到满刻度的 2/3 左右。

万用表的刻度盘上有许多标度尺，分别对应不同被测量和不同量程。测量时，应在被测电量及其量程相对应的刻度线上读数。

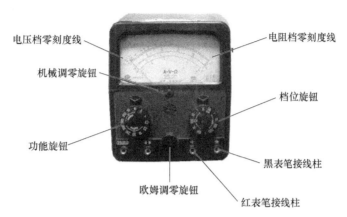

图 1-10　MF500 型指针式万用表外形

2）电流的测量。

测量直流电流时，将功能旋钮旋至"A"档，再将档位旋钮旋至适当的电流量程，将万用表串联到被测电路中进行测量。测量时应注意正、负极性正确，应按电流从正到负的方向，即由红表笔流入，黑表笔流出。

被测的交直流电流值由表盘上相应量程刻度线上的读数读出。

3）电压的测量。

测量直流电压时，将档位旋钮旋至"V"档，再将功能旋钮旋至适当的电压量程，将万用表并联到被测电路中进行测量。测量时应注意正、负极性正确，红表笔应接被测电路的高电位端，黑表笔接低电位端。

测量交流电压时，将档位旋钮旋至 V 档，再将功能旋钮旋至适当的电压量程进行测量。

被测的交直流电压值由表盘上相应量程刻度线上的读数读出。

4）电阻的测量。

测量电阻时，将功能旋钮旋至"Ω"档，再将"档位旋钮"旋至适当的电阻量程。每测一次电阻值，都要先进行欧姆调零，再进行测量。如欧姆调零调不到零位，说明万用表内的电池不足，需要更换电池。每次换量程后，应重新调整欧姆零位。更换电池的方法如图 1-11 所示。

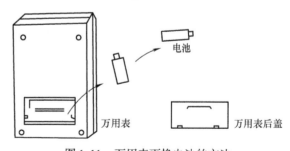

图 1-11　万用表更换电池的方法

测量电阻时用红、黑两表笔接在被测电阻两端进行测量，为提高测量的准确度，应将电阻从电路中断开，选择量程时应使万用表指针指在 Ω 刻度的中间位置附近为宜，测量的电阻值由表盘 Ω 刻度线上的读数与"档位旋钮"上合适的电阻量程数的乘积得到。

测量中，不允许用两手同时触及被测电阻的两端，以避免并入人体电阻，使读数减小，造成测量误差。测量电阻的方法如图 1-12 所示。严禁带电测量电阻。

（2）使用指针式万用表的注意事项　正确选择被测电量的档位，不能放错。禁止带电转换档位旋钮。切勿用电流档或电阻档测量电压。

图 1-12　万用表测量电阻

1）在测量电流或电压时，如果对于被测量的大小无法估计，应先选择最大量程，再换到合适的量程进行测量。

2）测量直流电流或电压时，必须注意极性。正、负极应与电路的正、负端相接。

3）测量电流时，应注意先将电路断开，将表串联在电路中，再通电测量。

4）测量电阻时不能带电测量，而是要将电阻从电路中断开再测量。使用电阻档时，换档后要重新进行欧姆调零。

5）每次使用完万用表后，应将功能旋钮和档位旋钮旋至空档"·"位置，以免造成仪表损坏。长期不使用时，应将万用表中的电池取出，更换或取出电池的方法如图 1-11 所示。

总之，在平时测量中应养成正确使用万用表的习惯，每次测量前，应习惯性地对表的档位、量程、连接方法进行检查。

4. 数字式万用表

数字式万用表的用途与指针式万用表类似，但其表头为数字电压表，它用液晶数字显示测量的结果，工作可靠，直接显示数字及单位，其读数具有客观性和直观性，并且具有价格低、使用方便、功耗小、体积小及准确度高等优点，应用十分广泛。

（1）数字式万用表功能界面简介　数字式万用表型号种类多，但功能基本相同。下面以 MY60 型数字式万用表为例，进行详细介绍。

数字式万用表功能界面主要分为液晶显示器构成的显示区、电源开关、晶体管测试孔、功能旋钮对应的功能选择区、电流测试孔、测试公共接地端和电压/电阻测试孔等，功能界面如图 1-13 所示。

（2）数字式万用表的使用方法

1）直流/交流电压测量。

测量电压时，数字式万用表的红表笔接"VΩ"插孔，黑表笔接"COM"插孔；测量直流电压时，将功能旋钮旋至"V—"所在的合适量程；测量交流电压时，将功能旋钮旋至"V～"所在的合适量程；将表笔并联接入被测电路中，打开万用表电源开关，即可在显示区显示电压测量结果。

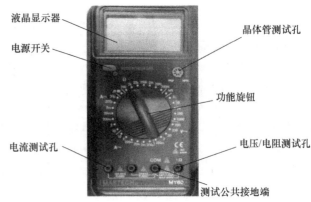

图 1-13　MY60 型数字式万用表功能界面

注意：

测量前不知被测电压范围时，应将功能旋钮旋至相应量程的最高档，并逐档降低量程。当显示区只在最高位显示"1."时，说明量程选择太小，应将量程调高。

MY60 型数字式万用表不宜测试直流电压大于 1000V 或交流电压大于 700V 的电压，否则会损坏仪表。

2) 直流/交流电流测量。

测量电流时,数字式万用表黑表笔接"COM"插孔,被测电流小于2A时,红表笔接"A"插孔,被测电流在2~10A时,红表笔接"10A"插孔;测量直流电流时,将功能旋钮旋至"A—"所在的合适量程;测量交流电流时,将功能旋钮旋至"A~"所在的合适量程;将表笔串联接入被测电路中,打开万用表电源开关,即可在显示区显示电流测量结果。

注意:

测量前不知被测电流范围时,应将功能旋钮旋至相应量程的最高档,并逐档降低量程。当液晶显示区只在最高位显示"1."时,说明量程选择太小,应将量程调高。

测量电流时,数字式万用表装有电流过载保护熔断器,如果电流过载,熔体将熔断,应按规定值及时更换。

3) 电阻测量。

测量电阻时,数字式万用表的红表笔接"VΩ"插孔,黑表笔接"COM"插孔;将功能旋钮旋至电阻档合适量程,将表笔跨接在被测电阻两端,读出显示值。

注意:

数字式万用表测电阻与指针式万用表测电阻一样,应将电阻从原来的电路中断开,再进行阻值的测量,红表笔极性为"+"。

(3) 使用数字式万用表的注意事项　如果开机不显示任何数字,应首先检查9V电池是否失效,还需检查电池引线有无断线,电池夹是否接触牢靠。若显示为低电压标识符,应及时更换新电池。测量时,若因最高位显示数字"1.",其他均为消隐,证明仪表已发生过载,应选择更高的量程。有些数字式万用表带读数保持开关或者按键,平时应置于关断位置,以免影响正常测量。一些新型数字式万用表增加了自动关机功能,当仪表停止使用或停止于某一档位的时间超过15min时,能自动切断电源,使仪表处于低功耗的"休眠"状态,而非出现故障,此时只需重新启动即可恢复正常工作。

使用数字式万用表时不得超过所规定的极限值。最高直流电压档(DC)的输入电压极限值为1000V,最高交流电压档(AC)的输入电压极限值为700V或750V(有效值)。当被测交流电压上叠加有直流电压时,两者电压之和不得超过所用交流电压档(AC)的输入电压极限值。

测量交流电压时,应当用黑表笔接被测电压的低电位端(如被测信号源的公共接地端、机壳、220V交流电的中性线端)等,以消除仪表输入端对地分布电容的影响,减小测量误差。

测量大电流时,必须使用"10A"插孔。

数字式万用表的红表笔带正电,黑表笔带负电,这与指针式万用表两支表笔的极性正好相反。测量有极性的元器件时,必须注意表笔的极性。

测量电阻时,两手不得碰触表笔的金属端或元件的引出端,以免引入人体电阻,影响测量结果。严禁在被测电路带电的情况下测量电阻。

有些数字式万用表有电容测试档,因此在用电容档测量电解电容时,被测电容的极性应与电容插孔所标明的极性保持一致,测量前必须将电容放电,以免损坏仪表。

5. 功率表

功率表是测量电功率的仪器，一般是指在直流和低频技术中测量功率的功率计，又可称为瓦特计。

（1）功率表的工作原理　功率表多数是根据电动式仪表的工作原理来测量电路的功率。电动式仪表的固定线圈匝数少、导线粗，作为功率表的电流线圈，它与被测电路串联，让负载电流通过；电动式仪表的可动线圈匝数多、导线细，作为功率表的电压线圈，经过附加电阻串联后和被测电路负载并联，电压线圈两端的电压就是负载两端的电压。测量直流电路的功率时，功率表指针的偏转角取决于负载电压和电流的方向；测量交流电路的功率时，其指针的偏转角与负载电压、负载电流和功率因数成正比。

（2）三相电路功率的测量

1）三相四线制电路。

在三相四线制电路中，当负载不对称时必须用三台单相功率表测量三相负载的功率，如图 1-14 所示。测得各相负载消耗的功率后，再把三相功率相加，即

$$P = P_U + P_V + P_W \tag{1-1}$$

这种测量方法称为三瓦计法。在三相四线制电路中，当负载对称时，只需要用一台单相功率表测量三相负载的功率，图 1-14 所示电路中的任意一台功率表都可以测量，此时，电路总功率可表示为

$$P = 3P_U = 3P_V = 3P_W \tag{1-2}$$

即电路总功率是任意一相功率表测得功率的 3 倍，该测量方法称为一瓦计法。

2）三相三线制电路。

对于三相三线制电路，无论负载对称还是不对称，是星形联结还是三角形联结，都可以用两台单相功率表测量三相负载的功率，如图 1-15 所示，这种方法称为二瓦计法。这种方法的连接特点是两台功率表的电流线圈分别串接于两端线之中，电压线圈采用前接方式，即电压线圈一端接于电流线圈前，另一端跨接到剩下没串接电流线圈的端线。

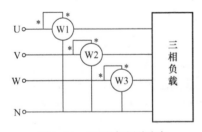

图 1-14　三瓦计法测功率

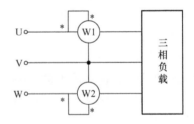

图 1-15　二瓦计法测功率

若功率表的读数分别为 P_1 和 P_2，则三相负载的总功率为

$$P = P_1 + P_2 \tag{1-3}$$

（3）功率表的接线　功率表电流线圈的电源端必须和电源相连，另一接线端与负载相连接；电压线圈的电源端可与电流线圈的任一接线端相连，另一接线端跨接被测负载的另一端。按照这个规则接线，指针不会反转。应注意，仪表上注明有"*"号的端点应接在一起，功率表的接线方法如图 1-14 所示。

功率表有两种接线方法。当负载电阻远大于电流线圈电阻时，采用图 1-16a 所示的接线

方法，此时电压线圈所测的电压为负载和电流线圈的电压之和。因电流线圈与负载对比，电阻小，所测电压近似等于负载电压，功率表指示接近实际值。当负载电阻远小于电流线圈电阻时，采用图1-16b所示的接线方法，测试电流线圈所测的电流为负载与电压线圈电流之和，功率表指示为负载和电压线圈电流之和。因电压线圈电阻远大于负载电阻，所测电流近似等于负载电流，功率表指示较为准确。

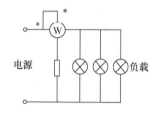 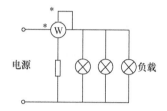

a) 负载电阻远大于电流线圈电阻时　　b) 负载电阻远小于电流线圈电阻时

图1-16　功率表的接线方法

在实际测量中，被测负载的功率很大时，上述两种接线方法可任选。

6. 绝缘电阻表

绝缘电阻表又称为摇表，是一种简便常用的测量高电阻的仪表。绝缘电阻表主要用来测量绝缘电阻，一般用来检测供电线路、电机绕组、电缆、电气设备等的绝缘电阻，以检测其绝缘程度的好坏。

（1）绝缘电阻表的分类　常见的绝缘电阻表主要分为手摇式绝缘电阻表、电动式绝缘电阻表、数字式绝缘电阻表和智能化绝缘电阻表，如图1-17所示。

（2）绝缘电阻表的工作原理

当以120r/min速度均匀摇动手柄时，表内的直流发电机输出该表的额定电压，在线圈1与被测电阻间有电流I_1，在线圈2与表内附加电阻R_2间有电流I_2，两种电流与磁场作用产生相反的力矩。当I_1最大（即被测电阻为0）时，指针指向刻度0。当I_2最大（即开路状态）时，指针指向刻度∞，当被测电阻为一定值时，指针指在被测电阻的数值，由于绝缘电阻表没有游丝，不能产生反作用力矩，所以绝缘电阻表在不测时，指针可停留在任意位置（即不定位），而不是回到

a) 手摇式

b) 电动式

c) 数字式

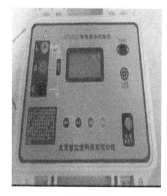

d) 智能式

图1-17　各种绝缘电阻表

电阻的零刻度线，这跟其他指针式仪表是有区别的。绝缘电阻表的原理电路如图1-18所示。

（3）绝缘电阻表的选择 一般测量额定电压为500V以下的设备时，选用500~1000V绝缘电阻表；测量电压为500V以上的设备时，选用1000~2500V绝缘电阻表。

此外，绝缘电阻表的测量范围也应与被测绝缘电阻的范围相吻合。一般应注意不要使其测量范围过多地超出所需测量的绝缘电阻值，以免使读数产生较大的误差。

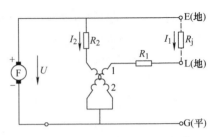

图1-18 绝缘电阻表的原理电路

一般测量低压电气设备的绝缘电阻时，可选用0~200MΩ量程的绝缘电阻表；测量高压电气设备或电缆时可选用0~2000MΩ量程的绝缘电阻表。表1-1为选择绝缘电阻表的参考依据。

表1-1 绝缘电阻表的选择

被测对象	设备的额定电压	绝缘电阻表额定电压	绝缘电阻表的量程
普通线圈的绝缘电阻	500V以下	500V	0~200MΩ
变压器和电动机绕组的绝缘电阻	500V以上	1000~2500V	0~200MΩ
发电机绕组的绝缘电阻	500V以下	1000V	0~200MΩ
低压电气设备的绝缘电阻	500V以下	500~1000V	0~200MΩ
高压电气设备的绝缘电阻	500V以上	2500V	0~2000MΩ
瓷绝缘子、母线、高压电缆的绝缘电阻	500V以上	2500~5000V	0~2000MΩ

（4）绝缘电阻表的使用

1）使用前的检查。绝缘电阻表使用前要先进行一次开路和短路试验，检查绝缘电阻表是否良好。

绝缘电阻表有三个接线端，分别是线路端L，接地端E和屏蔽端G。将L和E端开路，摇动手柄，如图1-19a所示，指针应指在"∞"处；再将L和E端短路，摇动手柄，如图1-19b所示，指针应指在"0"处；说明绝缘电阻表性能良好，否则表明绝缘电阻表有误差。

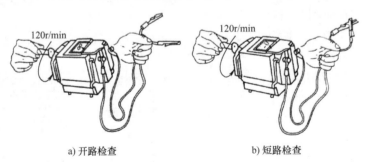

a）开路检查   b）短路检查

图1-19 绝缘电阻表使用前的检查方法

2）绝缘电阻表的接线。

测量电路绝缘电阻时，可将被测端接入L端，以良好的地线接于E端，接线方法如图1-20a所示。

测量电动机绕组与外壳间的绝缘电阻时，将电动机绕组接于 L 端，机壳接于 E 端，接线方法如图 1-20b 所示。

测量电动机绕组间的绝缘电阻时，将 L 端和 E 端分别接电动机两绕组的接线端，接线方法如图 1-20c 所示。

测量电缆的缆芯对缆壳的绝缘电阻时，除将缆芯接 L 端，缆壳接 E 端外，还要将缆芯和缆壳间的屏蔽层或绝缘物接 G 端，以消除因表面漏电引起的误差，接线方法如图 1-20d 所示。

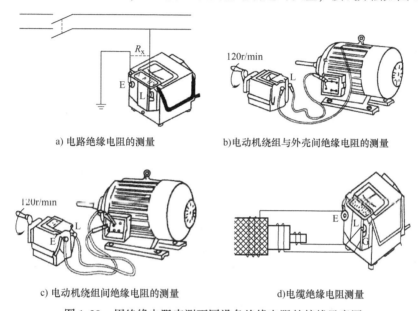

a) 电路绝缘电阻的测量　　b) 电动机绕组与外壳间绝缘电阻的测量

c) 电动机绕组间绝缘电阻的测量　　d) 电缆绝缘电阻测量

图 1-20　用绝缘电阻表测不同设备绝缘电阻的接线示意图

(5) 绝缘电阻表使用注意事项　测量前要先切断被测设备的电源，并将设备的导电部分与大地接通，进行充分放电，以保证安全。用绝缘电阻表测量过的电气设备，也要及时接地放电，方可进行再次测量。

测量前要先检查绝缘电阻表是否完好，即绝缘电阻表必须进行开路和短路检查；如果开路时，指针不能指在刻度的"∞"位置，短路时，指针不能指到刻度的"0"位，表明绝缘电阻表有故障，应检修后再用。

必须正确接线。绝缘电阻表上一般有三个接线端，分别标有 L（线路端）、E（接地端）和 G（屏蔽端）。其中 L 端接在被测物和大地绝缘的导体部分，E 端接被测物的外壳或大地，G 端接在被测物的屏蔽部分或不需要测量的部分，G 端是用来屏蔽表面电流的。如测量发电机电缆的绝缘电阻时，由于绝缘材料表面存在漏电电流，将使测量结果不准确，尤其是在湿度很大的场合及电缆绝缘表面又不干净的情况下，会使测量误差很大。为避免表面电流的影响，在被测物的表面加一个金属屏蔽环，与绝缘电阻表的 G 端相连。这样，表面漏电流从发电机正极出发，经 G 端流回发电机负极而构成回路。漏电流不再经过绝缘电阻表的测量机构，因此从根本上消除了表面漏电流的影响。

接线端与被测设备间连接的导线不能用双股绝缘线或绞线，应该用单股线分开单独连接，避免因绞线绝缘不良而引起误差。为获得正确的测量结果，被测设备的表面应使用干净的布或棉纱擦拭干净。

摇动手柄应由慢渐快,若发现指针指零说明可能发生了短路,这时就不能继续摇动手柄,以防表内线圈发热损坏。摇动手柄要保持匀速,不可忽快忽慢而使指针不停地摆动。通常最适宜的速度是120r/min。

测量具有大电容设备的绝缘电阻时,读数后不能立即停止摇动绝缘电阻表手柄,否则已被充电的电容器将对绝缘电阻表放电,有可能烧坏绝缘电阻表。应在读数后,一方面降低摇动手柄速度,一方面拆去接地端线头,在绝缘电阻表停止转动和被测物充分放电以前,不能用手触及被测设备的导电部分,以免发生触电。

记录测量设备的绝缘电阻时,还应记下测量时的温度、湿度、被试物的有关状况等,以便于对测量结果进行分析。

7. 钳形电流表

钳形电流表是电机运行和维修工作中最常用的测量仪表之一。特别是自该表增加了测量交、直流电压和电流、电阻以及电源频率等功能后,用途更加广泛。

(1) 钳形电流表的结构与工作原理 钳形电流表是根据电流互感器的原理制成的,外形像钳子一样,如图1-21所示。

  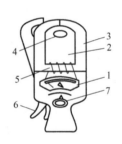

a) 指针式钳形电流表　　b) 数字式钳形电流表　　c) 钳形电流表结构示意图

图1-21　钳形电流表外形与结构

1—电流表　2—电流互感器　3—铁心　4—被测导线　5—二次绕组　6—手柄　7—量程选择开关

将被测的导线从铁心的缺口放入铁心中央,这条导线就等同于电流互感器的一次绕组。然后松手让铁心自动闭合,被测导线的电流就在铁心中产生交变磁感应线,使二次绕组感应出与导线流过的电流成一定比例的二次电流,从钳形电流表上就可以直接读数。

(2) 钳形电流表的选型 首先应当明确被测量电流是交流还是直流。整流式钳形电流表只适于测量波形失真较低、频率变化不大的工频电流,否则,将产生较大的测量误差。对于电磁式钳形电流表来说,既可用于测量交流电流,也可用于测量直流电流,但准确度通常都比较低。钳形电流表的准确度主要有2.5级、3级、5级等几种,应当根据测量技术要求和实际情况选用。

对于数字式钳形电流表而言,其测量结果的读数直观而方便,并且测量功能也扩充了许多,如扩展到能测量电阻、电压、有功功率、无功功率、功率因数、频率等参数。然而,数字式钳形电流表并不是十全十美的,当测量场合的电磁干扰比较严重时,显示出的测量结果可能发生离散性跳变,从而难以确认实际测量值;若使用指针式钳形电流表,由于磁电式机械表头本身所具有的阻尼作用,使得其本身对较强电磁干扰的反应比较迟钝,一般也就是表针产生小幅度的摆动,其示值范围比较直观,相对而言读数容易。

(3) 钳形电流表的使用　首先正确选择钳形电流表的电压等级，检查其外观绝缘是否良好、有无破损，指针是否摆动灵活，钳口有无锈蚀等。再根据电动机功率估计额定电流，以选择表的量程。

在使用钳形电流表前应仔细阅读说明书，弄清是交流还是交直流两用。

由于钳形电流表本身准确度较低，在测量小电流时，可先将被测电路的载流导线在钳形电流表的铁心上缠绕几圈后再进行测量。此时钳形电流表所指示的电流值并非被测量的实际值，实际电流值应当为钳形电流表的读数除以导线缠绕的圈数，测量方法如图 1-22a 所示。测量大电流时，可将载流导线直接放入钳形电流表的钳形窗口中央进行测量，方法如图 1-22b 所示。

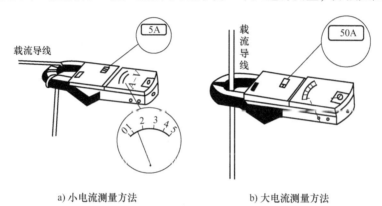

a) 小电流测量方法　　b) 大电流测量方法

图 1-22　钳形电流表的使用方法

测量时，钳形电流表钳口闭合要紧密，闭合后如有杂音，可打开钳口重测一次，若杂音仍不能消除，则应检查磁路上各接合面是否光洁，有尘污时要擦拭干净。

被测电路电压不能超过钳形电流表上所标明的数值，否则容易造成接地事故，或者引起触电危险。

用钳形电流表可测量运行中的笼型异步电动机的工作电流。根据电流大小，可以检查判断电动机工作情况是否正常，以保证电动机安全运行，延长使用寿命。

测量时，可以每相测一次，也可以三相测一次（此时表上数字应为零，因三相电流相量和为零）。当钳口内有两根相线时，表上显示数值为第三相的电流值，通过测量各相电流可以判断电动机是否有过载现象。

(4) 钳形电流表使用注意事项　在高压电路上测量时，应由两人操作，并注意电压等级，穿戴好绝缘鞋和绝缘手套，站在绝缘垫上，不得触及其他设备，以防接地。测量高压电缆各相电流时，电缆两线间距离应在 300mm 以上，且应绝缘良好，测量方便时才能进行操作。

观测表计时，要特别注意保持头部与带电部分的安全距离，人体任何部位与带电体的距离不得小于钳形电流表的长度。

测量低压熔断器或水平排列低压母线电流时，应在测量前将各相熔丝或母线用绝缘材料加以保护隔离，以免引起相间短路。

使用高压钳形电流表时应注意钳形电流表的电压等级，严禁用低压钳形电流表测量高压电路的电流。用高压钳形电流表测量时，应由两人操作，非值班人员测量还应填写第二种工作票，测量时应戴绝缘手套，站在绝缘垫上，不得触及其他设备，以防止短路或接地。

当电缆有一相接地时,严禁测量。防止出现因电缆头的绝缘水平低,发生对地击穿爆炸而危及人身安全。

使用钳形电流表测量结束后,应把开关拨至最大量程档,以免下次使用时不慎过电流,并应保存在干燥的室内。

8. 电能表

电能表是用来测量电能的仪表,又称电度表。

使用电能表时要注意,在低电压(不超过500V)和小电流(几十安)的情况下,电能表可直接接入电路进行测量。在高电压或大电流的情况下,电能表不能直接接入电路,需配合电压互感器或电流互感器使用。

(1) 常用电能表的分类　电能表按其使用的电路可分为直流电能表和交流电能表。交流电能表又可分为单相电能表、三相三线制电能表和三相四线制电能表。

电能表按照用途可分为有功电能表和无功电能表,分别计量有功电能和无功电能。

(2) 电能表的工作原理　当把电能表接入被测电路时,电流线圈和电压线圈中就有交变电流流过,这两个交变电流分别在它们的铁心中产生交变的磁通;交变磁通穿过铝盘,在铝盘中感应出涡流;涡流又在磁场中受到力的作用,从而使铝盘受到转矩作用(主动转矩)而转动。负载消耗的功率越大,通过电流线圈的电流越大,铝盘中感应出的涡流也越大,铝盘转矩就越大,即转矩的大小跟负载消耗的功率成正比。功率越大,转矩也越大,铝盘转动也就越快。铝盘转动时,又受到永久磁铁产生的制动转矩的作用,制动转矩与主动转矩方向相反;制动转矩的大小与铝盘的转速成正比,铝盘转动得越快,制动转矩也越大。当主动转矩与制动转矩达到暂时平衡时,铝盘将匀速转动。负载所消耗的电能与铝盘的转数成正比。铝盘转动时,带动计数器,把所消耗的电能指示出来。这就是电能表工作的简单过程。

(3) 电能表的型号及铭牌

1) 型号及其含义。

电能表的型号是用字母和数字的排列来表示的,包括类别代号 + 组别代号 + 设计序号 + 派生号。

① 类别代号:D—电能表。

② 组别代号。

表示相线:D—单相;T—三相四线有功;S—三相三线有功;X—三相无功。

表示用途:B—标准;D—多功能;M—脉冲;S—全电子式;Z—最大需量;
　　　　　Y—预付费;F—复费率。

③ 设计序号:用阿拉伯数字表示。

④ 派生号:T—湿热、干燥两用;TH—湿热带用;TA—干热带用;G—高原用;H—船
　　　　　用;F—化工防腐用。

例如:

DD 表示单相电能表,如 DD862 型、DD5777 型、DD95 型等。

DS 表示三相三线有功电能表,如 DS8 型、DS310 型、DS864 型等。

DT 表示三相四线有功电能表,如 DT862 型、DT864 型等。

DX 表示三相无功电能表,如 DX8 型、DX9 型、DX310 型、DX862 型等。

DZ 表示最大需量表,如 DZ1 型等。

DB 表示标准电能表,如 DB2 型、DB3 型等。

2) 铭牌内容及含义。

电能表铭牌包含的主要内容有:

✓ 商标和计量许可标志(CMC)。

✓ 计量单位名称或符号,如有功电能表为 "千瓦时" 或 "kW·h",无功电能表为 "千乏·时" 或 "kvar·h"。字轮式计度器的窗口,整数位和小数位用不同的颜色区分,中间有小数点;若无小数点位,窗口各字轮均有倍乘系数,如 ×100、×10、×1 等。对于液晶显示屏的整数位和小数位,中间有小数点。

✓ 电能表的名称及型号。

✓ 基本电流和额定最大电流。基本电流(标定电流)是确定电能表有关特性的电流值,是电能表的基本工作电流,用 I_b 表示;额定最大电流是仪表能满足其制造标准规定的准确度的最大电流值,用 I_{max} 表示。如 1.5(6) A 即电能表的基本电流为 1.5A,额定最大电流为 6A。如果额定最大电流小于基本电流的 150%,则只标明基本电流。对于三相电能表,应在前面乘以相数,如 3×5(20) A。

✓ 电能表常数。电能表常数是电能表记录的电能和相应的转数或脉冲数之间关系的常数,有功电能表以 r(imp)/(kW·h) 或 kW·h/r(imp) 形式表示,无功电能表以 r(imp)/(kvar·h) 或 kvar·h/r(imp) 形式表示。两种常数互为倒数关系。

(4) 电能表的安装与使用要求　电能表应按设计装配图规定的位置进行安装,应注意不能安装在高温、潮湿、多灰尘及有腐蚀气体的地方。

电能表应安装在不易受振动的墙面或开关板上,墙面上的安装位置一般不低于 1.8m,这样不仅安全,而且便于检查和 "抄表"。

为了保证电能表的工作准确性,必须严格垂直装设,如有倾斜,会发生计数不准或停走等故障。

电能表的导线中间不应有接头。接线时,接线盒内的螺钉应全部拧紧,不能松动,以免接触不良,引起接头发热而烧坏。配线应整齐美观,尽量避免交叉。

电能表工作在额定电压下,当电流线圈无电流通过时,铝盘的转动不超过 1r,功率消耗不超过 1.5W。根据实践,一般 5A 的单相电能表每月耗电为 1kW·h 左右。

电能表安装好后,点亮电灯,电能表的铝盘应从左向右转动,若铝盘从右向左转动,说明接线错误,应把相线的进出线调换一下。

单相电能表的选用必须与家用电器的总功率相适应。已知,功率计算公式为

$$P = UI \tag{1-4}$$

式中,P 为功率,单位为 W;I 为电流,单位为 A;U 为电压,单位为 V。在电压为 220V 的情况下,根据式(1-4)可以算出不同规格的电能表可装电器的最大(总)功率,见表1-2。

表1-2　不同规格电能表可装电器的最大(总)功率

电能表的规格/A	3	5	10	25
可装电器的最大(总)功率/W	660	1100	2200	5500

一般来说,一定规格的电能表所安装电器的总功率以表1-2中最大(总)功率的 1/5~1/4 为宜。

在使用电能表时，电路不允许短路及电器功率超过额定值的125%。注意：电能表不能受碰撞。

电能表不允许安装在额定负载10%以下的电路中使用。

（5）电能表的接线

1）单相电能表的接线方法。

在低压小电流电路中，单相电能表可直接接在电路中。单相电能表有4个接线端子，1号端子接相线的进线，2号端子接相线的出线，3号端子接中性线的进线，4号端子接中性线的出线，如图1-23所示。

a) 单相电能表外形　　　　　　b) 单相电能表接线图

图1-23　单相电能表的接线

2）三相四线制电能表的接线方法。

三相四线制有功电能表由三个驱动部件组成，称三元件电表，与单相电能表外观上最大的区别是三相四线制电能表共有11个接线端子，该接线方式常用在动力与照明混合的供电电路中。三相四线制电能表的接线如图1-24所示。

 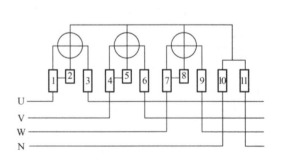

a) 三相四线制电能表外形　　　　　　b) 三相四线制电能表的接线

图1-24　三相四线制电能表接线图

三相四线制有功电能表直接接入电路中时，相线U、V、W的进线分别接在1、4、7号接线端子上；3、6、9号接线端子分别接相线U、V、W的出线；中性线N的进线接10号端子,11 号端子接中性线 N 的出线。

9. QJ23 型直流惠斯通电桥

QJ23 型直流惠斯通电桥是一种采用惠斯通电桥电路、内附指零计、可内装干电池的便携式直流电阻电桥,可用来测量 $1\Omega \sim 100k\Omega$ 的电阻值,适宜在实验室、车间及无交流电源的现场使用。电桥采用 JZ8 型高性能电子放大式指零仪,只设机械调零而无电气调零,并具有点动、自动关机等功能。

(1) 惠斯通电桥的工作原理 惠斯通电桥又称单臂电桥,当需要精确测量中值电阻时,往往采用惠斯通电桥进行测量,其原理如图 1-25 所示。图中 R_x 为被测电阻,G 为检流计,R_1、R_2、R_3 为可调电阻。当满足关系式 $R_1 R_3 = R_2 R_x$ 时,电路达到平衡。此时检流计中通过的电流为零(指针不动)。我们将 R_1/R_2 称为比例臂,R_3 称为比较臂。测量时,可根据对被测电阻的粗略估计,选取适当的比较臂的数值乘上比例臂的倍数。

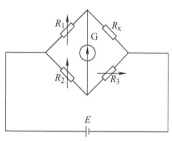

图 1-25 惠斯通电桥工作原理图

(2) QJ23 型直流惠斯通电桥面板介绍 QJ23 型直流惠斯通电桥由比例臂(倍率盘)、比较臂(测量盘)、内附指零仪及电源等部分组成,其面板结构如图 1-26 所示。

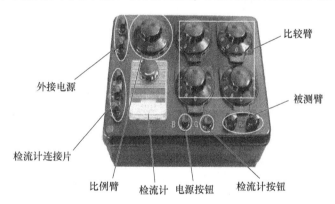

图 1-26 QJ23 型直流惠斯通电桥的面板结构

1) 比例臂。有 7 个档位,即"×0.001""×0.01""×0.1""×1""×10""×100"及"×1000"。

2) 比较臂。有 4 个档位,每个转盘由 9 个完全相同的电阻组成,分别构成可调电阻的个位、十位、百位和千位,总电阻在 $0 \sim 9999\Omega$ 间变化。

3) 检流计 G(调零)。根据指针偏转,调节电桥平衡。

4) 按钮。有电源按钮 B(可锁定)、检流计按钮 G。

5) 接线端子 R_X。用来接被测电阻。

6)"内""外"接线柱。"外"接线柱是用来接检流计的接线柱,其方法是将所选的检流计接入"外"接线柱,并用金属片短接"内"接线柱。

(3) 用惠斯通电桥测量电阻

使用 QJ23 型直流惠斯通电桥测量电阻的步骤如下:

1) 使用前,先将检流计锁扣打开(内→外),并调节其调零装置,使指针指示在零位。

2) 用万用表粗测一下被测电阻,先估计一下阻值。

3) 用短粗导线将被测电阻 R_X 接在测量接线柱上,并将漆膜刮净。避免采用线夹,连接处要拧紧。

4) 调整比较臂电阻,使检流计指向零位,电桥平衡。若指针指向"+",则需增加比较臂电阻;指针指向"-",则需减小比较臂电阻。

5) 读数、计算电阻值:被测电阻值 = 比较臂读数盘电阻之和 × 倍率。

6) 测量完毕,先松开检流计按钮,再松开电源按钮。

(4) 使用注意事项

1) 为了准确测量,测量时选择的倍率应使比较臂电阻的四个读数盘都有读数。

2) 测量时,电桥必须水平放置,被测电阻应单独测量,不能带电测试。

3) 由于接头处接触电阻和连接导线电阻的影响,惠斯通电桥不宜测量电阻值小于1Ω的电阻。

4) 测量时,连接导线应尽量用截面积较大、较短的导线,以减小误差;接线必须拧紧,如有松动,电桥会极端不平衡,使检流计损坏。

5) 电池电压不足会影响电桥的灵敏度,当发现电池电压不足时应及时更换。

6) 测量完毕,应先松开检流计按钮,再松开电源按钮,特别是当被测电阻具有电感时,一定要遵守上述原则,否则会损坏检流计。

7) 测量结束不再使用时,应将检流计锁扣锁上,以免检流计受损坏。

10. QJ44 直流开尔文 [双] 电桥

直流开尔文电桥又称双臂电桥,它是用来测量10Ω以下小电阻的常用仪表。直流开尔文 [双] 电桥常用来测量金属材料的电阻率、电机、变压器绕组的直流电阻、低阻值线圈电阻、电缆电阻、开关接触电阻以及直流电流器电阻等。通过测量变压器及电机等设备的直流电阻,可以检测出设备的导电回路有无接触不良、焊接不良、线圈故障及接线错误等缺陷。

(1) QJ44 开尔文 [双] 电桥的主要性能参数

 ✓ 准确度等级:0.2 级。
 ✓ 使用温度范围:5~45℃。
 ✓ 量程系数:×0.01、×0.1、×1、×10、×100 五档。
 ✓ 有效量程:0.0001~10Ω。
 ✓ 误差符合式(1-5)。

$$E_{\lim} = \pm \frac{C}{100}\left(\frac{R_N}{10} + X\right) \quad (1-5)$$

式中,$E_{\lim}$ 为允许误差极限(Ω);C 为误差等级指数;R_N 为基准值;X 为标准盘示值。各量程系数、C 及 R_N 取值见表1-3。

表1-3 误差计算参数取值表

量程系数	×0.01	×0.1	×1	×10	×100
误差等级指数 C	1	0.2	0.2	0.2	0.2
基准值 R_N/Ω	0.001	0.01	0.1	1	10

✓ 内附电子检流计，具有足够的灵敏度，大大提高了仪器的可靠性及稳定性。检流计灵敏度可自由调节，分度值≤$1×10^{-7}$A/mm。

✓ 电桥的工作电源为1.5~2V，电子检流计的工作电源为9V。

✓ 仪器外形尺寸：300mm×255mm×150mm。

✓ 仪器重量：约2.25kg。

（2）QJ44开尔文［双］电桥的界面介绍

面板如图1-27所示。

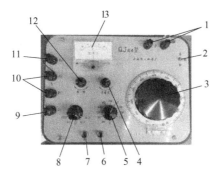

图1-27 QJ44开尔文［双］电桥面板介绍
1—电桥外接工作电源接线柱　2—检流计工作电源开关　3—滑线盘
4—电子检流计灵敏度调节旋钮　5—步进读数开关　6—检流计按钮
7—电桥工作电源按钮　8—量程系数读数开关　9—被测电阻电流端接线柱
10—被测电阻电位端接线柱　11—被测电阻电流端接线柱
12—检流计电气调零旋钮　13—检流计指示表头

（3）QJ44开尔文［双］电桥的使用方法

1）将电桥水平放置，在电池盒内装入4~6节1号1.5V电池，并联使用；3节6F22型9V电池，并联使用；此时电桥就能正常工作。如用外接直流电源1.5~2V时，电池盒内的1.5V电池应全部取出。

2）接通电桥检流计工作电源开关"B1"，待放大器稳定后，观测检流计是否指向零位，如不在零位，应调节调零旋钮，使检流计指针指示零位。

3）检查灵敏度旋钮，应放在最低位置。

4）被测电阻按四端连接法，接在电桥相应的接线柱C1、P1、P2、C2上。如图1-28所示，AB之间为被测电阻。

✓ 试验引线四根，分别单独从电桥的四个接线柱C1、P1、C2、P2引出，由C1、C2与被测电阻构成电流回路，而P1、P2则为电位采样，供检流计调平衡使用。

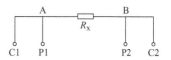

图1-28 被测电阻连接方法

✓ 注意：电流端接线柱C1、C2的引线应接在被测电阻的外侧，电位端接线柱P1、P2的引线应接在被测电组的内侧。

✓ 目的：可以避免将C1、C2的引线与被测电阻接线处的接触电阻测量在内。

5）估计被测电阻值大小，将量程系数读数开关放置在适当位置。

6）先按下工作电源按钮B，对被测电阻R_X进行充电，待充电电流逐渐稳定后，再按下检流计按钮G，根据检流计指针偏转的方向，逐渐增大或减小步进读数开关的电阻值，使检流计指针指向零位,并逐渐调节灵敏度旋钮,使灵敏度达到最大,同时调节电阻滑线盘,使检流计指向零位。

√ 当移动滑线盘4小格时,检流计指针偏离零位约1格,灵敏度就能满足测量要求。

√ 在改变灵敏度时,会引起检流计指针偏离零位,在测量之前,随时都可以调节检流计零位。

7) 在灵敏度达到最大,检流计指针指向零位稳定不变的情况下,读取步进读数开关和滑线盘两个读数并相加,再乘上量程系数读数开关的读数,即为被测电阻值。被测电阻的计算:被测电阻值 = 量程系数读数开关的读数 × (步进读数 + 滑线盘读数)。

8) 测试结束时,先断开检流计按钮G,然后才能断开工作电源按钮B,最后断开电桥检流计工作电源开关B1,拆除电桥与被测电阻之间的四根引线。

√ 为了测量准确,采用开尔文[双]电桥测试小电阻时,所使用的四根连接线一般采用较粗、较短的多股软铜绝缘线,其阻值一般不大于0.01Ω。

(4) 注意事项和维护保养

1) 在测电感电路的直流电阻时,应先按下按钮B,再按下按钮G。断开时,应先断开按钮G,再断开按钮B。严禁在检流计按钮G未断开时,先断开按钮B,以免由于被测设备存在大电感瞬间感应电动势对电桥反击,烧坏检流计。

2) 测量0.1Ω以下阻值时,按钮B应间歇使用。

3) 在测量0.1Ω以下阻值时,接线柱C1、P1、C2、P2到被测电阻之间的连接导线电阻应为$0.005 \sim 0.01\Omega$;测量其他阻值时,连接导线电阻可不大于0.05Ω。

4) 电桥使用完毕后,按钮B、G应松开,开关B1指向"断"位置。

5) 如电桥长期搁置不用,应将电池取出。在电池接触处可能产生氧化,造成接触不良,为保证接触良好,可涂上一层无酸性凡士林,予以保护。

6) 电桥应存放在环境温度 +5 ~ +45℃、相对湿度小于30%的环境下,室内空气中不应含有腐蚀性气体和有害杂质。

7) 仪器应保持清洁,并避免直接暴晒和剧烈振动。

8) 仪器使用时,如发现检流计灵敏度显著下降,则可能因电池电量不足引起,应及时更换新的电池。

五、电工的职业道德

电工的作业行为关系着工业生产的各个部门,关系着千家万户,因此,要从事电工这个行业,必须重视电工的行业行为准则、职业道德、敬业精神等。只有加强职业道德建设,才能推动社会物质文明和精神文明建设,进而促进行业、企业的生存和发展,同时提高从业人员的素质。

1. 职业道德的基本概念

职业道德是规范约束从业人员职业活动的行为准则,是社会道德在职业行为与职业关系中的具体体现,是整个社会道德生活的重要组成部分。

(1) 职业道德的内容 职业道德是指从事某种职业的人员在工作或劳动过程中所应遵守的与其职业活动紧密联系的道德规范和原则的总和。既反映某种职业的特殊性,也反映各个行业职业的共同性,具体的内容包括职业道德、职业道德行为规范和职业守则等。

职业道德是从业人员履行本职工作时从思想到行为应遵守的准则,也是各个职业在道德方面对社会应尽的责任和义务。因此,从业人员只有树立良好的职业道德,遵守职业守则,安心本职工作，勤奋钻研业务，才能提高自身的职业能力和素质，在劳动力市场和人才竞争中立于不败之地。

(2) 职业道德的特点　人类劳动是个人谋生的手段，也是为社会服务的途径。劳动的双重意义决定了从业人员的劳动态度和职业道德观念。由于每个职业都与国家、人民的利益密切相关，每个工作岗位、每一次职业行为，都包含着如何处理个人与集体、个人与国家利益的关系问题。因此，职业道德是社会主义道德体系的重要组成部分。职业道德的实质就是在社会主义市场经济条件下，约束从业人员的行为，鼓励其通过诚实的劳动，在改善自己生活的同时，创造社会财富，促进国家建设。

(3) 职业道德基本规范

1) 爱岗敬业、忠于职守。任何一种道德都是从一定的社会责任出发，在个人履行社会责任的过程中，培养相应的社会责任感，从长期的良好行为和规范中建立起个人的道德。因此，职业道德首先要从爱岗敬业、忠于职守的职业行为规范开始。

爱岗敬业是从业人员工作态度的首要要求。爱岗就是热爱自己的工作岗位，热爱本职工作；敬业就是以一种严肃认真的态度对待工作，工作勤奋努力，精益求精，尽心尽力，尽职尽责。爱岗与敬业是紧密相连的，不爱岗很难做到敬业，不敬业更谈不上爱岗。如果工作不认真，能混就混，爱岗就会成为一句空话。只有工作责任心强，不辞劳苦，不厌其烦，精益求精，才能真正地爱岗敬业。忠于职守，就是要求把自己职业规范内的工作做好，达到工作质量的标准和规范要求。如果从业人员都能够做到爱岗敬业、忠于职守，就会有力地促进企业和社会的进步与发展。

2) 诚实守信、办事公道。诚实守信、办事公道是做人的基本道德品质，也是职业道德的基本要求。诚实就是人在社会交往中不讲假话，能忠于事物的本来面目，不歪曲、篡改事实，不隐瞒自己的观点，不掩饰自己的情感，光明磊落，表里如一；守信就是信守承诺，讲信誉，重信用，忠实履行自己应承担的义务。办事公道是指在利益关系中，正确处理好国家、企业、个人及他人的利益关系，不徇私情，不谋私利。在工作中要处理好企业和个人的利益关系，做到个人服从集体，保证个人利益和集体利益相统一。

3) 遵纪守法、廉洁奉公。任何社会的发展都需要有力的法律、规章制度来维护社会各项活动的正常运行。法律、法规、政策和各种组织制定的规章制度，都是按照事物发展规律制定出来的，用于约束人们的行为规范。从业人员除了遵守国家的法律、法规和政策外，还要自觉遵守与职业活动行为有关的规定和纪律，例如：劳动纪律、安全操作规程、操作程序、工艺文件等，这样才能很好地履行岗位职责，完成本职工作。廉洁奉公要求从业人员公私分明，不损害国家和集体利益，不利用岗位职权谋取私利。遵纪守法、廉洁奉公，是每个从业人员都应该具备的道德品质。

4) 服务群众、奉献社会。服务群众就是为人民服务。一个职业人员既是别人的服务对象，又是为别人服务的主体。每个人都承担着为他人服务的职责，要做到服务群众就是要做到心中有群众，尊重群众，真心对待群众，做什么事都要方便群众。

奉献社会是职业道德中的最高境界，同时也是做人的最高境界。奉献社会就是不计个人名利得失，一心为社会服务、为他人服务，全心全意为人民服务、为社会做贡献，是一种高尚的人格。从业人员达到了一心为社会做奉献的境界，就与为人民服务的宗旨相吻合，就必定能做好自己的本职工作。

（4）电工职业道德基本规范　电工是一种特殊的工种，又是危险的工种，而且分散在生产企业的各个部门，不安全因素较多。电工职业道德最基本的要求是工作必须按照国家针对电气作业颁布的标准、规程及规范进行，符合质量规程，使用户满意，对用户高度负责。为确保人身安全，就必须有一套完整而严格的电工职业道德规范，具体要做到以下几个方面：

1）对技术要做到精益求精，有崇高的职业理想，有高尚的职业情感，有纯正的职业作风，有严格的职业纪律，有遵纪守法的职业意识。

2）对同行要尊敬团结，相互借鉴学习，取长补短，不耻下问。

3）电工从业人员必须严格遵守国家法律法规和公司的各项章程，违犯国家法律或严重违反公司规定将会受到严厉的处分。

4）工作时要做到有条有理，安全可靠，正确无误，严禁违章作业。

5）要勤俭节约，节约平时所用的相关材料，如导线、胶布、螺钉、垫片等。

6）作业后要清理现场，检查有没有不合理的地方，不妨碍他人，不妨碍正常工作。

2. 质量管理制度

质量管理是企业为保证和提高产品、技术或服务的质量，达到满足市场和客户的需求，所进行的质量调查、确定质量目标、计划、组织、控制、协同和信息反馈等一系列经营管理活动。质量管理是企业经营的一个重要内容，是关系到企业生存和发展的重要问题，也可以说是企业的生命线。

（1）企业的质量方针　企业的质量方针是由组织的最高管理者正式发布的总的质量宗旨和方向。每个企业在建立、发展过程中都有自己特定的经营总方针，这个方针反映了企业的经营目的和哲学。在总方针下又有许多子方针，例如：战略方针、质量方针、安全方针、市场方针、技术方针、采购方针、环境方针、劳动方针等。企业质量方针是企业所有行为的准则。企业设立目标、制定和选择战略、进行各种质量活动策划等，都不能离开企业质量方针的指导。最高管理者的质量意识，往往决定这个企业的质量意识水平，而最高管理者的质量意识正是通过质量方针反映的。企业的质量方针是每个职工必须熟记并在工作中认真贯彻的质量准则。每个职工首先要以企业质量方针为宗旨，全面完成本岗位工作的质量目标；其次要把自己的工作岗位作为实现企业质量方针的一个环节，做好与上下工序之间的衔接配合，为全面实现企业质量方针做出自己的贡献；再者就是要精益求精，在工作中不断改善，努力提高产品和工作的质量，满足市场和客户的要求。

（2）岗位的质量要求　岗位的质量要求是企业根据对产品、技术或服务最终的质量要求和本身的条件，对各个岗位质量工作提出的具体要求，一般体现在各个岗位的工作指导书或工艺规程中，包括操作程序、工作内容、工艺规程、参数控制、工序的质量指标、各项质量记录等。

（3）岗位的质量保证措施与责任　岗位的质量保证措施与责任主要有以下几方面的内容：首先要有明确的岗位质量责任制度，对岗位工作要按照作业指导书或工艺规定，明确岗位工作的质量标准以及上下工序之间、不同班次之间对应的质量问题的责任、处理方法和权限；其次是要经常通过对本岗位产生的质量问题进行统计与分析等活动，采用排列图、因果图和对策建议表格等统计方法，提出能够解决这些问题的办法和措施，必要时经过专家咨询来改进岗位的工作。如果取得了明显的效果，可经上级批准之后，将改后的工作方法编入作业指导书或工艺规程，进一步规范和提高岗位的工作质量；再者就是要加强对员工的质量培训工作，提高职工的质量观念和质量意识，并针对岗位工作的特点，进行保证质量方面的方法与技能的学习与培训，提升操作者的技术水平，以提高产品、技术或服务的质量水平。

六、职业技能鉴定基本要求

职业技能鉴定是提高劳动者素质、增强劳动者就业能力的有效措施，通过职业技能水平的考核鉴定，获得职业资格证书，为就业单位和求职者自主择业提供了依据和凭证。它是由考试考核机构对劳动者从事某种职业所应掌握的技术理论知识和实际操作能力做出的客观检测和评价。职业技能鉴定是国家职业资格证书制度的重要组成部分。

1. 职业技能鉴定内容及考核

职业技能鉴定分为知识要求考试和操作技能考核两部分。内容是依据国家职业（技能）标准、职业技能鉴定规范（即考试大纲）和相应教材来确定的，并通过编制试卷来进行鉴定考核。知识要求考试一般采用笔试，从国家题库理论知识试卷中抽取试题，操作技能考核一般采用现场操作加工典型工件、生产作业项目、模拟操作等方式进行。

在理论知识和操作技能试卷的组卷中，一般为中等难度。低难度试题占20%，中等难度试题占70%，高难度试题占10%。计分一般采用百分制，两部分成绩都在60分以上为合格，80分以上为良好，95分以上为优秀。

2. 申报的条件

不同级别鉴定的人员，其申报条件不尽相同，考生要根据鉴定公告的要求，确定申报的级别。一般来讲，不同等级的申报条件：参加初级鉴定的人员必须是学徒期满的在职职工或职业学校毕业生；参加中级鉴定的人员必须是取得初级技能证书并连续工作5年以上，或是经劳动行政部门审定的以中级技能为培养目标的技工学校以及其他学校毕业生；参加高级鉴定的人员必须是取得中级技能证书5年以上、连续从事本职业（工种）生产作业不少于10年，或是经过正规的高级技工培训并取得了结业证书的人员。

3. 国家职业资格证书

根据各专业的人才培训方法，当完成实训要求的基本内容和技能后，便可以参加国家有关部门组织的各类工种的职业技能等级考试，考试合格即可获得相应的职业资格证书。职业资格证书是劳动者求职、任职和用人单位录用劳动者的主要依据，也是境外就业、对外劳务合作人员办理技能水平公证的有效证件。国家职业资格证书一般分为"初级技能""中级技能""高级技能""技师"和"高级技师"五种，以确定劳动者按不同等级的职业技能从事不同的工作。

✓ 初级技能即国家职业资格五级，要求能够运用基本技能独立完成本职业的常规工作。

✓ 中级技能即国家职业资格四级，要求能够运用基本技能独立完成本职业的常规工作，并在特定情况下，能够运用专门技能完成较复杂的工作，能够与他人进行合作。

✓ 高级技能即国家职业资格三级，要求能够熟练运用基本技能和专门技能完成较为复杂的工作；独立处理工作中出现的问题，能组织指导他人进行工作和培训高级操作人员，有一定的资源分配能力。

✓ 技师即国家职业资格二级，是在三级所具有能力的基础上解决本职业关键操作技术和工艺难题；在技术攻关、工艺革新和技术改造方面有创新；能组织指导他人进行工作和培训高级操作人员；有一定的资源分配能力。

✓ 高级技师，即国家职业资格一级，是在技师所具有能力的基础上能组织开展技术改造、技术革新和进行专业技术培训；有资源分配能力。

第二部分

电工技术基础技能实训

基础技能实训一

万用表的使用与电阻的测量

一、学习目标

1）认识电阻元件。
2）学会使用指针式和数字式万用表进行电阻值的测量。
3）正确使用电工工具和仪表,增强电工规范操作意识,培养良好的电工技能习惯。

二、设备与器件

1）数字式万用表1块。
2）指针式万用表1块。
3）各类元器件：四环电阻、五环电阻、电位器、熔断器熔芯等。

三、情景导入

数字式万用表与指针式万用表是从事电类相关工作中最常见也最常用的仪表,正确使用这两种仪表是电工操作人员必须掌握的基本技能；各类电阻的正确识读与阻值测量也是电工操作人员必备的本领。因此,本技能实训旨在让大家了解和掌握万用表的正确使用与养护方法,以及各类电阻阻值正确测量的操作方法,具备最基本的电工技能。

四、知识链接

1. 电阻的概念

电阻是一个物理量,在物理学中表示导体对电流阻碍作用的大小。导体的电阻越大,表示导体对电流的阻碍作用越大。不同的导体,电阻一般不同,电阻是导体本身的一种特性。电阻将会导致电子流通量的变化,电阻越小,电子流通量越大,反之亦然。而超导体则没有电阻。

2. 电阻的标称与识别

（1）直标法　直标法是一种常见标注方法,特别是在体积较大（功率大）的电阻器上采用。它将该电阻器的标称值和允许偏差、型号、功率等参数直接标在电阻器表面,如图2-1所示,电阻的标称值是51kΩ,允许偏差是±5%,功率为1W。

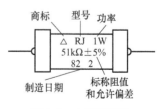

图2-1　电阻直标法

（2）文字符号标注法　文字符号标注法和直标法相同,也是直接将有关参数标在电阻体上,一般用于变阻器上。如图2-2所示,电阻的标称值是4k7,允许偏差是±5%,功率为 2W。

（3）**数标法** 一般用于贴片电阻、小体积可调电阻。一般用三位数字表示，从左到右的顺序，第一、二位表示有效数字，第三位表示 10 的倍幂或用 R 表示（R 表示 0.），如图 2-3 所示，R047 表示电阻值为 0.047Ω，103 表示电阻值为 $10 \times 10^3 \Omega = 10k\Omega$。

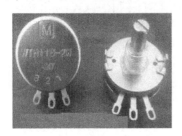
图 2-2 电阻文字符号标注法

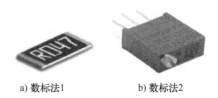
a) 数标法1　　　　b) 数标法2

图 2-3 电阻数标法

（4）**色标法** 色标法是指在电阻器上用不同的颜色代表不同的标称值和允许偏差。可以分为色环法和色点法两种，其中最常用的是色环法。色环电阻的色码定义见表 2-1。

表 2-1 色环电阻色码定义

序号	颜色	数字	倍率	允许偏差	备注
1	黑	0	0	—	只做中间环
2	棕	1	10	±1%	可以做五环电阻的最后一环
3	红	2	100	±2%	可以做五环电阻的最后一环
4	橙	3	1000	—	不可以做最后一环
5	黄	4	10000	—	不可以做最后一环
6	绿	5	100000	—	不可以做最后一环
7	蓝	6	1000000	—	不可以做最后一环
8	紫	7	10000000	—	不可以做最后一环
9	灰	8	100000000	—	不可以做最后一环
10	白	9	1000000000	—	不可以做最后一环
11	金	—	0.1	±5%	只可以做四环电阻的最后一环
12	银	—	0.01	±10%	只可以做四环电阻的最后一环

四环电阻（普通电阻）的各色环表示的含义如图 2-4 所示。

五环电阻（精密电阻）的各色环表示的含义如图 2-5 所示。

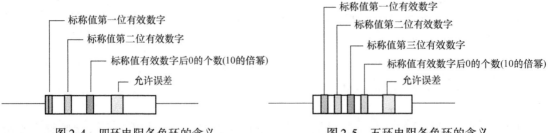

图 2-4 四环电阻各色环的含义　　　　图 2-5 五环电阻各色环的含义

五、实施步骤

1）选取四环电阻、五环电阻和电位器各一个，正确读取各电阻的标称值。

2）用数字式万用表测量各电阻的阻值：测量电阻时，数字式万用表的红表笔接"VΩ"插孔，黑表笔接"COM"插孔；将万用表的功能旋钮旋至电阻档合适量程，将表笔跨接在被测电阻两端，读出电阻的测量阻值。

3）用指针式万用表测电阻值：指针式万用表使用前，首先要进行机械调零，确保万用表能正常使用。测量电阻前，还必须对指针式万用表进行欧姆调零。

测量电阻时，将万用表调至"Ω"档的适当电阻量程，使指针偏转在"Ω"档刻度盘的 1/2~3/2，进行电阻值的正确读取。

4）如实记录电阻阻值的测量数据于实训报告中。

六、注意事项

1）正确使用指针式万用表：使用前必须将万用表水平放置在工作台上，进行机械调零。测量电阻前必须进行欧姆调零后，方可进行电阻阻值的测量。且测量阻值时，应使指针偏转在"Ω"档刻度盘的 1/2~2/3 之间，避免指针满偏，损坏指针；或指针偏转角度太小，测量误差较大，说明量程选择不合适，需要更换量程。每次更换量程后，都要重新进行欧姆调零，再进行电阻值的测量。如果欧姆调零不到位，则说明万用表内的电池不足，需要更换电池。

2）指针式万用表使用完毕后，应将万用表置于"空档"位置，正确关闭万用表。

3）正确使用数字式万用表测量电阻值：选择合适的量程，防止测量溢出。使用完毕后，应将万用表调至"交流电压档"的最大档位，再关闭万用表。

4）测量电阻时，电阻应从原电路中断开，严禁在被测电阻带电的情况下进行测量。两手不得触碰表笔的金属端或电阻的引脚，以免引入人体电阻，影响测量结果。

七、实训报告

实训名称	万用表的使用与电阻的测量	学时	2学时	日期	
组员					
成绩评定				教师签字：	
学习目标	1）掌握指针式和数字式万用表测量电阻的方法 2）正确使用和养护指针式万用表和数字式万用表 3）养成正确的电工操作习惯				
工具、仪表与器材	1）数字式万用表1块、指针式万用表1块 2）四环电阻、五环电阻、电位器、熔断器熔芯若干 3）通用电工工具1套				

（续）

实训名称	万用表的使用与电阻的测量		学时	2学时	日期	
实训数据	电阻值的测量记录表					
	电阻类型	四环电阻	五环电阻		电位器	熔断器熔芯
	标称值					—
	数字式万用表测量电阻值					
	指针式万用表测量电阻值					

实训总结

1）简述指针式万用表的机械调零和欧姆调零操作过程

2）简述数字式万用表和指针式万用表测量电阻时的注意事项

3）简述关闭数字式万用表和指针式万用表的操作过程

基础技能实训二

基尔霍夫定律的验证

一、学习目标

1) 掌握基尔霍夫电流定律。
2) 掌握基尔霍夫电压定律。
3) 验证KCL：在任意节点处，各支路电流代数和为零，即$\Sigma I = 0$。
4) 验证KVL：在任意闭合回路中，各元件电压代数和为零，即$\Sigma U = 0$。
5) 正确使用电工工具和仪表，增强电工规范操作意识，培养良好的电工技能习惯。

二、设备与器件

1) 电工技术实验装置。
2) 数字式万用表1块。
3) 510Ω电阻3个、1kΩ电阻1个、330Ω电阻1个。
4) 导线若干。

三、情景导入

基尔霍夫定律是电路分析的基本定律，是进行电路分析的基础。通过对该定律的验证，加深学习者对基尔霍夫定律的理解与掌握。

四、知识链接

1. 基尔霍夫电流定律（KCL）

基尔霍夫电流定律：在任何时刻，电路中流入任一节点的电流之和，恒等于从该节点流出的电流之和，即

$$\sum I_{流入} = \sum I_{流出} \tag{2-1}$$

假设电流流入任一节点的参考方向为"正"，流出任一节点的参考方向为"负"，则基尔霍夫电流定律的第二种表述：在任何时刻，电路中任一节点上的各支路电流代数和恒等于零，即

$$\sum I = 0 \tag{2-2}$$

2. 基尔霍夫电压定律（KVL）

基尔霍夫电压定律：在任何时刻，沿任意闭合路径绕行，电压降的代数和恒等于电压升的代数和，即

$$\sum U_{降} = \sum U_{升} \tag{2-3}$$

假设电压降的参考方向为"正",电压升的参考方向为"负",则基尔霍夫电压定律的第二种表述:在任何时刻,沿任意闭合路径绕行,各支路电压的代数和等于零,即

$$\sum U = 0 \tag{2-4}$$

五、实施步骤

1. 验证基尔霍夫电流定律

1)基尔霍夫定律验证电路的原理图如图 2-6 所示,电路中的 5V 和 12V 电源均由电工技术实验装置中的"直流稳压电源"和"直流数显稳压恒流电源"提供,电源如图 2-7 所示。调节好实训所需的电源值后,关闭"直流稳压电源"和"直流数显稳压恒流电源"。

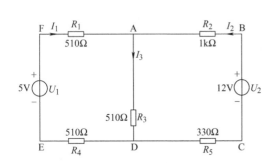

图 2-6 基尔霍夫定律验证的电路原理图

a)直流数显稳压恒流电源

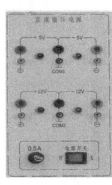
b)直流稳压电源

图 2-7 实验中的直流电源

2)按照图 2-6 搭建基尔霍夫定律验证电路。

3)以图 2-6 中的节点 A 为例,验证基尔霍夫电流定律。测量各支路电流 I_1、I_2 和 I_3 时,可用数字式万用表的电流档,也可用电工技术实验装置中的"直流毫安表"(图 2-8),将其串联于待测支路中,测量出电流值。下面详细介绍用直流毫安表测量电流的方法。

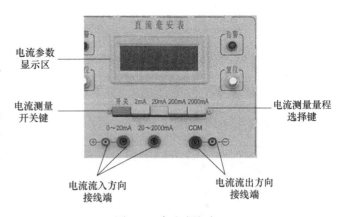

图 2-8 直流毫安表

测电流时,将被测支路断开,按照电流参考方向,电流流入端接入直流毫安表的"+"极红色或蓝色接线端,电流流出端接入直流毫安表的"-"极黑色接线端(COM 端)。估算待测支路的电流大小,选择合适的量程,按下相应的量程选择键,打开"开关"键,打开电源,即可在电流参数显示区读取测量的电流结果。当无法估计被测电流大小时,应先选择较大电流量程,再逐渐降低量程至合适档位。

一个支路的电流测量完毕后,关闭电源,改动电路,再打开电源和电流表,测量另一个支路的电流。

4）如实记录测量数据于实训报告中。

2. 验证基尔霍夫电压定律

1）根据图 2-6，调节好实训所需电源电压值后，确保关闭电源。

2）任选一个闭合回路，按同一绕行方向，测量回路中各元件的电压值，验证基尔霍夫电压定律。这里详细介绍用电工技术实验装置的"直流电压表"（图 2-9）测量电压的方法。

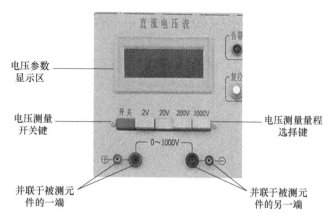

图 2-9 直流电压表

测量某一元件电压时，将直流电压表并联于待测元件两端，测量其电压值。在图 2-6 中，测量元件 R_1 电压 U_{FA} 的值，将 F 点（即电压参考方向中的高电位侧）接入直流电压表的"＋"极红色接线端，A 点（即电压参考方向中的低电位侧）接入直流电压表的"－"极黑色接线端，选择合适的量程，打开"开关"键，即可在电压参数显示区读取测量的电压结果。当无法估计被测电压大小时，应先选择较大的电压量程，再逐渐降低量程至合适档位。

一个元件的电压测量完毕后，关闭电源，改动电路，再打开电源和电压表，测量另一个元件的电压。

3）如实记录测量数据于实训报告中。

六、注意事项

1）在进行电路操作时，应养成良好的操作习惯：先调试好实训所需电源后关闭电源；再根据原理图搭建电路，检查正确无误后，合上电源，开始相关实训的实施。实训完成后，先关闭电源，再拆除电路，恢复操作现场。严禁带电改动电路。

2）测量电流或电压时，应选择合适的量程，避免引入测量误差或损坏仪表。

3）测量电流或电压时，应注意电流或电压的参考方向，避免反接直流毫安表或直流电压表，造成测量错误。

七、实训报告

实训名称	基尔霍夫定律的验证	学时	2 学时	日期	
组员					
成绩评定				教师签字：	
学习目标	1）掌握基尔霍夫电流定律 2）掌握基尔霍夫电压定律 3）验证 KCL：在任意节点处，各支路电流代数和为零，即 $\Sigma I = 0$ 4）验证 KVL：在任意闭合回路中，各元件电压代数和为零，即 $\Sigma U = 0$ 5）正确使用电工工具和仪表，增强电工规范操作意识，培养良好的电工技能习惯				

(续)

实训名称	基尔霍夫定律的验证	学时	2 学时	日期	
工具、仪表与器材	1）电工技术实验装置 2）数字式万用表 1 块 3）510Ω 电阻 3 个、1kΩ 电阻 1 个、330Ω 电阻 1 个 4）导线若干				
实训电路图	绘制基尔霍夫定律验证电路的原理图，参见图 2-6				

实训数据

在节点 A 处验证基尔霍夫电流定律的数据记录表

被测量	I_1/mA	I_2/mA	I_3/mA	计算量	I_1+I_2/mA
测量值				计算值	

在闭合回路 FABCDEF 中验证基尔霍夫电压定律的数据记录表

被测量	U_{FA}/V	U_{AB}/V	U_{BC}/V	U_{CD}/V	U_{DE}/V	U_{EF}/V	计算量	$U_{FA}+U_{AB}+U_{BC}+U_{CD}+U_{DE}+U_{EF}$/V
测量值							计算值	

实训总结

1）根据实训数据，简述流入和流出节点 A 处的电流 I_1、I_2、I_3 的关系，是否满足基尔霍夫电流定律？

2）根据实训数据，简述闭合回路 FABCDEF 中各支路电压的关系，是否满足基尔霍夫电压定律？

基础技能实训三

电路中电位与电压的测量

一、学习目标

1）学会使用电工实训台。
2）理解电压和电位的关系。
3）学会使用数字式万用表进行电路中电压与电位的测量。
4）正确使用电工工具和仪表，增强电工规范操作意识，培养良好的电工技能习惯。

二、设备与器件

1）电工技术实验装置。
2）数字式万用表 1 块。
3）100Ω、200Ω、300Ω 电阻各 1 个。
4）导线若干。

三、情景导入

电位与电压是十分重要的概念，也是实际电路测量、故障分析等操作中的重要环节。因此，正确理解两者的概念以及对电位与电压进行正确测量是一项重要且基本的电工技能，必须掌握。

四、知识链接

1. 电压与电位的定义

电压：表示电场力移动电荷做功的本领，等于电场力将单位正电荷从高电位移到低电位所做的功。

电位：是电场力把单位正电荷从电场中一点移到参考点所做的功，做功越多表明该点的电位越高。

2. 电压与电位的关系

两点间的电压是一个绝对的概念，不随参考点的改变而改变；电位则随参考点选择的不同而不同，电位是一个相对的概念。

电路中任意两点间的电压等同于这两点间的电位差。

电压和电位的单位均为 V(伏特)。

五、实施步骤

1）电位、电压测量电路如图 2-10 所示，根据电路调试好直流电源电压。

本实训采用电工技术实验装置中的"直流数显稳压恒流电源"供电,电源面板如图 2-11 所示。将"电压调节"旋钮调至 6V,"电流调节"旋钮调到最大。

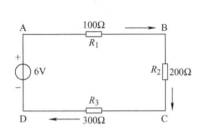

图 2-10 电位、电压测量电路原理图

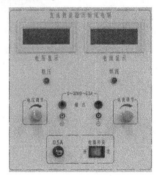

图 2-11 直流数显稳压恒流电源面板

2)电源调试好后,关闭电源开关。

3)根据图 2-10 将电路的其他部分搭建完毕。

4)打开电源,进行技能实训并做好数据记录。

① 测量电位。用数字式万用表测量某点的电位时,将"功能旋钮"旋至"直流电压"档的合适量程,黑表笔插入"COM"公共接地端,红表笔插入"VΩ"插孔。黑表笔的表头插入给定的零电位参考点,红表笔插入待测的电位测试点,此时,万用表上显示的读数即为测试点的电位值。

② 测量电压。用数字式万用表测量两点间的电压时,将"功能旋钮"旋至"直流电压"档的合适量程,黑表笔插入"COM"公共接地端,红表笔插入"VΩ"插孔。红表笔的表头插入待测电压的高电位点,黑表笔的表头插入待测电压的低电位点。例如,测量电路中 AB 两点间的电压 U_{AB},红表笔插入电路中的 A 点,黑表笔插入电路中的 B 点,此时,万用表上显示的读数即为两点间的电压值。

③ 记录测量数据于实训报告中。

六、注意事项

1)在进行电路操作时,应养成良好的操作习惯:先调试好实训所需电源后关闭电源;再根据原理图搭建电路,检查正确无误后,合上电源,开始相关实训的实施。实训完成后,先关闭电源,再拆除电路,恢复操作现场。严禁带电改动电路。

2)测量电压或电位时,应选择合适的量程,以免引入测量误差或损坏仪表。

3)测量电压时,应注意电压的参考方向,避免反接直流电压表,造成测量错误。

七、实训报告

实训名称	电路中电位与电压的测量	学时	2学时	日期	
组员					
成绩评定				教师签字:	

(续)

实训名称	电路中电位与电压的测量		学时	2学时	日期	
学习目标	1）学会使用电工实训台 2）理解电压和电位的关系 3）学会使用数字式万用表进行电路中电压与电位的测量 4）正确使用电工工具和仪表，增强电工规范操作意识，培养良好的电工技能习惯					
工具、仪表与器材	1）电工技术实验装置 2）数字式万用表1块 3）100Ω、200Ω、300Ω 电阻各1个 4）导线若干					
实训电路图	绘制电位与电压测量的电路原理图，参见图2-10					

实训数据

分别以 A 点和 D 点为参考点测量电压与电位

零电位参考点	V_A/V	V_B/V	V_C/V	V_D/V	U_{AB}/V	U_{BC}/V	U_{CD}/V
A							
D							

实训总结

简述电路中电压与电位的关系

基础技能实训四

电阻的串、并联等效变换

一、学习目标

1) 熟练使用电工实训台。
2) 掌握电阻串联、并联电路中电阻等效的关系。
3) 理解电阻串联电路中电阻的分压作用。
4) 理解电阻并联电路中电阻的分流作用。
5) 正确使用电工工具和仪表,增强电工规范操作意识,培养良好的电工技能习惯。

二、设备与器件

1) 电工技术实验装置。
2) 数字式万用表 1 块。
3) 100Ω、200Ω、300Ω 电阻各 1 个,1kΩ 电位器 1 个。
4) 导线若干。

三、情景导入

电阻的串联等效变换和并联等效变换以及它们对电路中电压、电流的影响具有重要的实际应用意义,通过本实训进一步加深对电阻串联分压、并联分流的理解与掌握。

四、知识链接

1. 电阻的串联

如图 2-12 所示,电路中有两个或更多个电阻首尾依次相连,中间没有分支,称为电阻的串联。

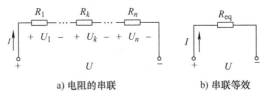

a) 电阻的串联　　b) 串联等效

图 2-12　电阻的串联等效

根据 KVL,串联电阻电路两端口总电压等于各电阻上电压的代数和,即

$$U = U_1 + U_2 + \cdots + U_n \tag{2-5}$$

根据欧姆定律,有

$$U = U_1 + U_2 + \cdots + U_n = (R_1 + R_2 + \cdots + R_n)I = R_{eq}I \tag{2-6}$$

$$R_{eq} = R_1 + R_2 + \cdots + R_n = \sum_{k=1}^{n} R_k \tag{2-7}$$

电阻串联电路应用广泛,常用于降压、调节电流、分压等。

2. 电阻的并联

如图 2-13 所示,电路中两个或更多个电阻都连接在两个公共节点间,称为电阻的并联。

电阻并联时，各电阻两端承受同一电压。

根据基尔霍夫电流定律有

$$I = I_1 + I_2 + \cdots + I_n = \left(\frac{1}{R_1} + \frac{1}{R_2} + \cdots + \frac{1}{R_n}\right)U \tag{2-8}$$

式中

$$\frac{1}{R_{eq}} = \frac{1}{R_1} + \frac{1}{R_2} + \cdots + \frac{1}{R_n} = \sum_{k=1}^{n} \frac{1}{R_k} \tag{2-9}$$

式中，R_{eq}为多个并联电阻的等效总电阻。

电阻并联电路常起到限流、增大总电流的作用。

a) 电阻的并联　　b) 并联等效

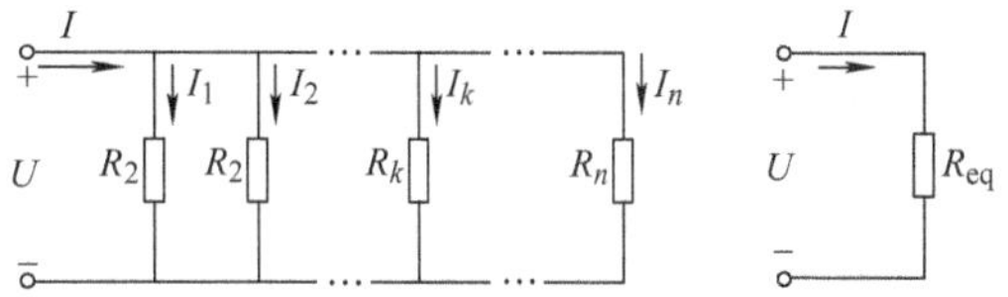

图 2-13　电阻的并联等效

五、实施步骤

1. 电阻串联等效的验证

1）根据图 2-14 所示电阻串联等效验证电路，计算电路相关参数，并记录于实训报告中。

2）根据图 2-14，将电工技术实验装置的直流数显稳压恒流电源（见图 2-15）的“电压调节”旋钮调至所需的电压值，“电流调节”旋钮调至最大，调节好后关闭电源。

a) 电阻串联电路　　b) 串联等效电路

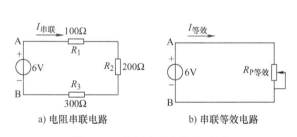

图 2-14　电阻串联等效的验证

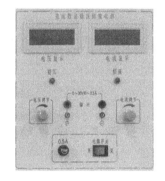

图 2-15　直流数显稳压恒流电源

3）根据图 2-14a 搭建电阻串联电路。

4）串联电路搭建正确无误后，打开电源，完成电阻R_1、R_2和R_3的电压U_{R1}、U_{R2}、U_{R3}以及串联电流$I_{串联}$的测量，并如实记录数据于实训报告中。

5）根据图 2-14b 将电位器的电阻值调节至$R_P = R_1 + R_2 + R_3$的值。

6）搭建电阻串联等效电路，打开电源，测量电流$I_{等效}$的值，并记录数据于实训报告中。

2. 电阻并联等效的验证

1）根据图 2-16 所示电阻并联等效验证电路，计算电路相关参数，并记录于实训报告中。

2）根据图 2-16 将电工技术实验装置中的直流数显稳压恒流电源调节

a) 电阻并联电路　　b) 并联等效电路

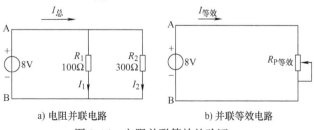

图 2-16　电阻并联等效的验证

至实训所需的电压,调节好后关闭电源。

3) 根据图 2-16a 搭建电阻并联电路。

4) 打开电源,进行电流 $I_{总}$、I_1、I_2 的测量,并如实记录相关数据。

5) 根据图 2-16b 将电位器的电阻值调节至 $R_P = R_1 R_2 / (R_1 + R_2)$ 的值。

6) 搭建电阻并联等效电路,打开电源,测量电流 $I_{等效}$ 的值,并如实记录相关数据于实训报告中。

六、注意事项

1) 在进行电路操作时,应养成良好的操作习惯:先调试好实训所需电源后关闭电源,再根据原理图搭建电路,检查正确无误后,合上电源,开始相关实训的实施。实训完成后,先关闭电源,再拆除电路,恢复操作现场。严禁带电改动电路。

2) 测量电压或电流时,应选择合适的量程,以免引入测量误差或损坏仪表。

3) 测量电压或电流时,应注意电压或电流的参考方向,避免反接直流毫安表或直流电压表,造成测量错误。

七、实训报告

实训名称	电阻的串、并联等效变换	学时	2 学时	日期	
组员					
成绩评定				教师签字:	
学习目标	1) 熟练使用电工实训台 2) 掌握电阻串联、并联电路中电阻等效的关系 3) 理解电阻串联电路中电阻的分压作用 4) 理解电阻并联电路中电阻的分流作用 5) 正确使用电工工具和仪表,增强电工规范操作意识,培养良好的电工技能习惯				
工具、仪表与器材	1) 电工技术实验装置 2) 数字式万用表 1 块 3) 100Ω、200Ω、300Ω 电阻各 1 个,1kΩ 电位器 1 个 4) 导线若干				
实训电路图	1) 绘制电阻串联等效验证电路图,参见图 2-14				

（续）

实训名称	电阻的串、并联等效变换		学时	2学时	日期	
实训电路图	2）绘制电阻并联等效验证电路图，参见图2-16					
实训数据	**电阻的串联等效数据记录表**							
	名称		$I_{串联}$/mA	U_{R1}/V	U_{R2}/V	U_{R3}/V	U_{AB}/V	$I_{等效}$/mA	$R_{P等效}$/Ω
	串联	计算值					——		
		测量值							
	电阻的并联等效数据记录表						
	名称		$I_{总}$/mA	I_1/mA	I_2/mA	U_{AB}/V	$I_{等效}$/mA	$R_{P等效}$/Ω
	并联	计算值				——		
		测量值						
实训总结	1）根据实训数据，简述电阻串联电路的特点 2）根据实训数据，简述电阻并联电路的特点					

基础技能实训五

直流电阻电路故障的检测

一、学习目标

1）掌握数字式万用表测量电阻、电位和电压的方法。
2）理解开路（断路）时的电路特征。
3）理解短路时的电路特征。
4）学会用测量电压和电位的方法检查电路故障。
5）学会用测量电阻的方法检查故障。

二、设备与器件

1）电工技术实验装置。
2）数字式万用表 1 块。
3）510Ω 电阻 3 个、1kΩ 电阻 1 个、330Ω 电阻 1 个。
4）导线若干。

三、情景导入

电路故障是日常生活中经常遇到的问题，通过直流电阻电路的故障检测技能实训，让学习者理解故障发生的主要原因：短路或断路；并学习排查和检测故障的方法，掌握一种日常生活中非常实用的电工小技能。

四、知识链接

1. 电路断路

（1）断路的定义　电路断路（开路）是指电路处于没有闭合，或导线没有连接好，或用电器烧坏或没安装好（如把电压表串联在电路中），即整个电路在某处断开的状态。

（2）断路时的电路特征　当电路断路时，断路所在支路的电流 $I=0$，电阻 $R→∞$。

2. 电路短路

（1）短路的定义　电路短路是指电路中的一部分或电源被短接。如负载两端或电源两端被导线连接在一起，就称为短路。短路时电源提供的电流将比通路时提供的电流大得多，一般情况下不允许短路，如果短路，严重时会烧坏电源或设备。

（2）短路时的电路特征　当电路短路时，短路所在支路的电流变大，电阻 $R→0$。

五、实施步骤

1. 简单串联电路正常连接与故障检测

1）根据图 2-17 在电工技术实验装置的直流数显稳压恒流电源中调节好实训所需的电

压，调节好后关闭电源。

2）电路连接正常时，以 E 点为参考点，测量各点的电位及各段电压，并在实训报告中记录测量结果。

3）将图 2-17 中 B 点开路，仍以 E 点为参考点，重新测量各点电位及各段电压，并记录测量结果。

4）将图 2-17 中 A、F 点短路，仍以 E 点为参考点，重新测量各点电位及各段电压，并记录测量结果。

2. 简单混联电路正常连接与故障检测

1）根据图 2-18，在电工技术实验装置的直流数显稳压恒流电源中调节好实训所需的电压，调节好后关闭电源。

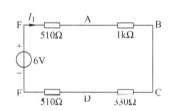

图 2-17 简单串联电路正常连接与
故障检测电路图

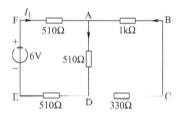

图 2-18 简单混联电路正常连接与
故障检测电路图

2）电路正常连接时，以 E 点为参考点，测量各点的电位及各段电压，测量结果记入实训报告中。

3）将图 2-18 中 B 点开路，仍以 E 点为参考点，重新测量各点电位及各段电压，并计录测量结果。

4）将图 2-18 中 C、D 点短路，仍以 E 点为参考点，重新测量各点电位及各段电压，并如实记录测量数据。

3. 用数字式万用表的欧姆档测量正常电路与故障电路中的电阻值

1）根据图 2-18 搭建好实训所需的电路图，并关闭 6V 直流电源。

2）用数字式万用表的欧姆档分别测量电路正常情况下，B 点开路时和 C、D 点短路时，E、F 两点间的电阻值，记录数据于实训报告中。

六、注意事项

1）在进行电路操作时，应养成良好的操作习惯：先调节好实训所需电源后关闭电源，再根据原理图搭建电路，检查正确无误后，合上电源，开始相关实训的实施。实训完成后，先关闭电源，再拆除电路，恢复操作现场。严禁带电改动电路。

2）测量电压和电位时，应注意万用表红、黑表笔的不同插接方式。

3）在用数字式万用表的欧姆档测量电路电阻时，应关闭电路中的电源，确保测量电阻时不带电操作。

七、实训报告

实训名称	直流电阻电路故障的检测	学时	2学时	日期	
组员					
成绩评定				教师签字：	
学习目标	1）掌握数字式万用表测量电阻、电位和电压的方法 2）理解开路（断路）时的电路特征 3）理解短路时的电路特征 4）学会用测量电压和电位的方法检查电路故障 5）学会用测量电阻的方法检查故障					
工具、仪表与器材	1）电工技术实验装置 2）数字式万用表1块 3）510Ω电阻3个、1kΩ电阻1个、330Ω电阻1个 4）导线若干					
实训电路图	1）绘制简单串联电路正常连接与故障检测电路图，参见图2-17 2）绘制简单混联电路正常连接与故障检测电路图，参见图2-18					

(续)

实训名称	直流电阻电路故障的检测		学时	2学时	日期	
实训数据	_					

简单串联电路正常连接与故障检测记录表

	名称	U_A/V	U_B/V	U_D/V	U_F/V	U_{AF}/V	U_{AB}/V	U_{CD}/V	U_{DE}/V
E点为参考点	正常								
	B点断开								
	A、F点短路								

简单混联电路正常连接与故障检测记录表

	名称	U_A/V	U_B/V	U_D/V	U_F/V	U_{AF}/V	U_{AB}/V	U_{CD}/V	U_{DE}/V
E点为参考点	正常								
	B点断开								
	C、D点短路								

根据图2-18所示，断开电源，用数字式万用表测量电路中的电阻值

名称	正常	B点开路	C、D点短路
R_{EF}/Ω			

实训总结

1) 根据实训数据，简述发生断路故障时，断路所在支路的电路特征

2) 根据实训数据，简述发生短路故障时，短路所在支路的电路特征

基础技能实训六

叠加定理的验证

一、学习目标

1) 掌握叠加定理。
2) 验证叠加定理的正确性。
3) 掌握叠加定理在线性电路中的使用方法。

二、设备与器件

1) 电工技术实验装置。
2) 510Ω 电阻 3 个、330Ω 电阻 1 个、1kΩ 电阻 1 个。
3) 导线若干。

三、情景导入

叠加定理是分析普通电路的常用定理之一。使用该定理时，应注意其应用范围和不同电源的置零方式。通过本技能实训可以直观地观察到电流与电压的叠加现象，验证叠加定理的正确性。

四、知识链接

1. 叠加定理

叠加定理是指在线性电路中，多个独立电源共同作用时，在任一支路中产生的电压或电流，等于各独立电源单独作用时在该支路所产生电压或电流的代数和。

2. 叠加定理的应用说明

1) 叠加定理仅适用于线性电路，且只用于计算电流、电压的叠加，不能用于计算功率。
2) 各独立电源单独作用时，其余独立电源应进行置零处理：电压源进行短路置零处理，电流源进行开路置零处理。
3) 电流或电压叠加时，是代数量的叠加。

五、实施步骤

1) 叠加定理验证电路原理图如图 2-19 所示。
2) 将电工技术实验装置中的直流稳压电源和直流数显稳压恒流电源的电压调至所需的直流电压 5V 和 12V，调节好后关闭电源。实训中采用的直流电源模块如图 2-20 所示。

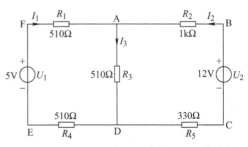

图 2-19 叠加定理验证电路原理图

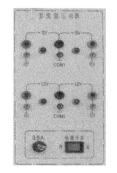

a) 直流数显稳压恒流电源　　　　b) 直流稳压电源

图 2-20　直流电源模块

3）令 12V 电源 U_2 短路，打开 5V 电源 U_1，让其单独作用。U_1 单独作用时的电路如图 2-21 所示。测量图 2-21 中各电流与电压，将数据记录于实训报告中。

4）令 5V 电源 U_1 短路，打开 12V 电源 U_2，让其单独作用。U_2 单独作用时的电路如图 2-22 所示。测量图 2-22 中各电流与电压，将数据记录于实训报告中。

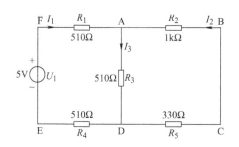
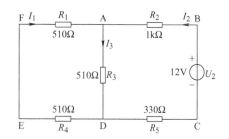

图 2-21　U_1 单独作用时的电路图　　　　图 2-22　U_2 单独作用时的电路图

5）令电源 U_1 和 U_2 共同作用，电路如图 2-19 所示。测量图 2-19 中各电流与电压，将数据记录于实训报告中。

六、注意事项

1）在进行电路操作时，应养成良好的操作习惯：先调试好实训所需电源后关闭电源；再根据原理图搭建电路，检查正确无误后，合上电源，开始相关实训的实施。实训完成后，先关闭电源，再拆除电路，恢复操作现场。严禁带电改动电路。

2）注意直流毫安表和直流电压表的正确使用，避免测量错误或引入误差。

七、实训报告

实训名称	叠加定理的验证	学时	2 学时	日期	
组员					
成绩评定				教师签字：	

(续)

实训名称	叠加定理的验证		学时	2学时	日期	
学习目标	1）掌握叠加定理 2）验证叠加定理的正确性 3）掌握线性电路叠加定理的分析方法					
工具、仪表与器材	1）电工技术实验装置 2）510Ω 电阻 3 个、330Ω 电阻 1 个、1kΩ 电阻 1 个 3）导线若干					
实训电路图	绘制叠加定理验证的电路原理图，参见图 2-19					
实训数据	叠加定理验证中电流参数记录表					
	测量参数	I_1/mA		I_2/mA		I_3/mA
	U_1、U_2 共同作用					
	U_1 单独作用					
	U_2 单独作用					

叠加定理验证中电压参数记录表

测量参数	U_{FA}/V	U_{AB}/V	U_{BC}/V	U_{CD}/V	U_{DE}/V	U_{EF}/V
U_1、U_2 共同作用						
U_1 单独作用						
U_2 单独作用						

实训总结	根据实训数据，简述叠加定理的电路特征，并说出叠加定理的适用电路范围

基础技能实训七

戴维南定理的验证

一、学习目标

1) 验证戴维南定理的正确性,加深对该定理的理解。
2) 掌握测量含源一端口网络(有源二端网络)等效参数的一般方法。

二、设备与器件

1) 电工技术实验装置。
2) 510Ω 电阻 2 个、330Ω 电阻 1 个、1kΩ 电阻 1 个、1kΩ 电位器 1 个。
3) 导线若干。
4) 数字式万用表 1 块。

三、情景导入

工程实际中,常常碰到只需研究某一支路的电压、电流或功率的问题。对所研究的支路来说,电路的其余部分就成了一个含源的一端口网络,可将这样的含源一端口网络等效变换为较简单的含源支路(即电压源与电阻串联支路或电流源与电阻并联支路),使分析和计算简化。戴维南定理正是给出了含源一端口网络的等效变换方法及其电路计算方法。

四、知识链接

1. 戴维南定理

任何一个线性含源一端口网络,对外电路来说,总可以用一个电压源和电阻的串联组合来等效变换;此电压源的电压等于外电路断开时端口处的开路电压 U_{oc},而电阻等于一端口网络的输入电阻(或等效电阻 R_{eq}),如图 2-23 所示。

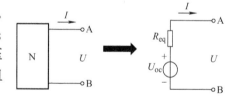

图 2-23 戴维南定理图示

2. 戴维南定理的应用说明

1) 戴维南定理仅适用于含电源的线性一端口网络电路。
2) 开路电压 U_{oc} 的计算:戴维南等效电路中电压源电压等于将外电路断开时的开路电压 U_{oc},电压源方向与所求开路电压方向有关。
3) 等效电阻的计算:将一端口网络内部独立电源全部置零(电压源短路置零,电流源开路置零)后,所得无源一端口网络的输入电阻。

五、实施步骤

戴维南定理验证实验电路如图 2-24 所示。

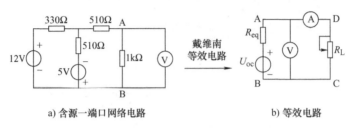

a) 含源一端口网络电路　　　　　　b) 等效电路

图 2-24　戴维南定理验证实验电路

1. 测量含源一端口网络电路中的开路电压 U_{oc}，短路电流 I_{sc} 和等效电阻 R_{eq} 的值

1）测量含源一端口网络电路的开路电压 U_{oc}。如图 2-25 所示，搭建含源一端口网络电路，在电路 A、B 两端并联电压表，测得电路 A、B 两端的电压即为开路电压 U_{oc}，测量结果填入实训报告中。

2）测量短路电流 I_{sc}。短路电流测量电路如图 2-26 所示，关闭电路中的 12V 和 5V 直流电压源，去除电路 A、B 两端的直流电压表，接入直流毫安表。选择合适的电流表量程，打开电路中的 12V 和 5V 电源，直流毫安表显示的电流即为短路电流 I_{sc}，测量结果填入实训报告中。

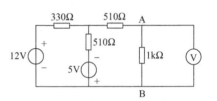

图 2-25　开路电压 U_{oc} 测量电路

3）测量等效电阻 R_{eq}。等效电阻 R_{eq} 的测量电路如图 2-27 所示，用数字式万用表测量电路 A、B 两端的等效电阻，将实测值 R_{eq} 结果填入实训报告中。

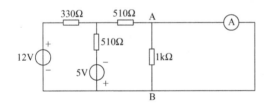

图 2-26　短路电流 I_{sc} 测量电路

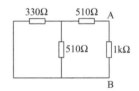

图 2-27　等效电阻 R_{eq} 测量电路

4）计算等效电阻 R_{eq}，等效电阻（计算值）= 开路电压 U_{oc}（测量值）/短路电流 I_{sc}（测量值），将计算值填入实训报告中。

2. 含源一端口网络电路带负载的参数测量

1）按图 2-28 所示连接电路。

2）改变 R_L 的电阻值，用直流电压表测量电路 A、B 间的电压，用直流毫安表测量 R_L 支路的电流，将测量值填入实训报告中。

3. 戴维南等效电路参数的测量

1）按图 2-29 搭建等效电路。图中电阻 R_{eq} 的阻值用可调电阻模块按图 2-30 进行调节，使 $R_p = R_{eq}$。

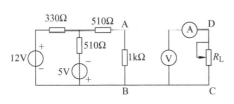 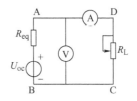

图 2-28　带负载实验电路图　　　图 2-29　等效电路

图中开路电压 U_{oc} 的值已在实训实施步骤 1 中测得,用直流数显稳压恒流电源将电压值调节好即可。直流数显稳压恒流电源如图 2-31 所示。

图 2-30　可调电阻模块　　　图 2-31　直流数显稳压恒流电源

2) 等效电路参数的测量。图 2-29 中电阻 R_L 用 1kΩ 电位器代替,改变 R_L 的阻值,测量等效电路中的电路参数,将测量数据填入实训报告中。

六、注意事项

1) 在进行电路操作时,应养成良好的操作习惯:先调试好实训所需电源后关闭电源;再根据原理图搭建电路,检查正确无误后,合上电源,开始相关实训的实施。实训完成后,先关闭电源,再拆除电路,恢复操作现场。严禁带电改动电路。

2) 注意直流毫安表和直流电压表的正确使用,避免测量错误或引入误差。

七、实训报告

实训名称	戴维南定理的验证	学时	2 学时	日期	
组员					
成绩评定				教师签字:	
学习目标	1) 验证戴维南定理的正确性,加深对该定理的理解 2) 掌握测量含源一端口网络(有源二端网络)等效参数的一般方法				
工具、仪表与器材	1) 电工技术实验装置 2) 510Ω 电阻 2 个、330Ω 电阻 1 个、1kΩ 电阻 1 个、1kΩ 电位器 1 个 3) 导线若干 4) 数字式万用表 1 块				

（续）

实训名称	戴维南定理的验证		学时	2学时	日期	
实训电路图	绘制戴维南定理验证电路原理图，参见图2-24					

实训数据

含源一端口网络电路参数记录表

测量名称	U_{oc}/V	I_{sc}/mA	R_{eq}（实测值）/Ω	R_{eq}（计算值）= U_{oc}/I_{sc}
测量值				

含源一端口网络电路带负载实训参数记录表

R_L/Ω	100	200	300	510	1k
U_{AB}/V					
I_{AD}/mA					

等效电路参数记录表

R_L/Ω	100	200	300	510	1k
U/V					
I/mA					

实训总结

根据实训数据，简述戴维南定理的电路特征，以及戴维南定理适用的电路范围

基础技能实训八

RLC 串联交流电路的测量

一、学习目标

1) 验证电阻、电感和电容元件在串联交流电路中总电压与各元件分电压之间是否满足基尔霍夫电压定律。

2) 理解电阻、电感和电容串联电路中总电压与分电压之间的关系。

二、设备与器件

1) 电工技术实验装置。
2) 电阻模块（用 220V/25W 白炽灯约 150Ω 代替）。
3) 电容模块（4μF/500V）。
4) 电感模块（用电感约为 1H 的镇流器代替）。
5) 数字式万用表 1 块。

三、情景导入

在交流电路中，要准确区别交流电压的瞬时值与有效值的概念，并理解在闭合回路中的任意时刻，电压的瞬时值满足基尔霍夫电压定律，但电压的有效值是其交流电与某个电压的直流电的热效应相等的体现，因此电压的有效值不满足基尔霍夫电压定律。

四、知识链接

在交流电路的任意闭合回路中，各元件电压的瞬时值形式满足基尔霍夫电压定律。

$$u = u_1 + u_2 + \cdots + u_n \tag{2-10}$$

但是，电压有效值 U 不满足基尔霍夫电压定律（KVL），即

$$U \neq U_1 + U_2 + \cdots + U_n \tag{2-11}$$

五、实施步骤

1. RC 串联电路的 KVL 的验证

1) 根据如图 2-32 所示的交流串联电路原理图，将实训所需的交流电源调至交流电压有效值 50V。

电工技术实验装置中的交直流可调电源如图 2-33 所示，AC/DC 指示切换按钮置于"高"位，即"交流（AC）"模式；打开交流电源开关，旋转黑色电压调节旋钮减小/增大将交流电压有效值调节至 50V，并用数

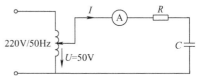

图 2-32 电阻与电容交流串联电路

字式万用表在"AC 调压输出"端口进行测量，确保交流电压为有效值 50V。交流电源调节完毕后，关闭交流电源开关。

2）根据如图 2-32 所示的电路原理图搭建好电路的其余部分。

3）电路搭建正确后，测量电阻与电容元件两端电压以及电路中的电流值。测量电流时，将真有效值交流电流表（见图 2-34a），串联于电路中；测量电压时，将真有效值交流电压表（见图 2-34b），并联于被测元件两端。

4）打开交流电源电压设定为 50V，进行参数测量，如实记录数据于实训报告中。

5）改变交流电源电压至 80V，再次测量电路参数，记录数据于实训报告中。

图 2-33 交直流可调电源

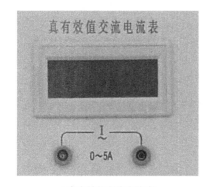
a) 真有效值交流电流表

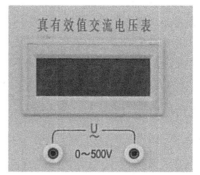
b) 真有效值交流电压表

图 2-34 真有效值交流电流表与电压表

2. RLC 交流串联电路的 KVL 的验证

1）根据如图 2-35 所示的交流串联电路实验原理图，将实训所需交流电源调至交流电压有效值 80V，电源调节完毕后，务必将其关闭。

2）根据如图 2-35 所示的电路原理图，搭建好电路的其余部分。

3）打开交流电源电压调至 80V，测量电路中各元件的电压以及电路中的电流，如实记录数据于实训报告中。

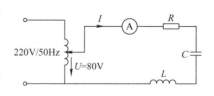

图 2-35 电阻与电感、电容交流串联电路原理图

六、注意事项

1）交流电路操作时一定谨记用电安全，先调节好所需电源电压，搭建电路前务必关闭交流电源。待实物电路搭建正确无误后，方可合上电源，开始相关操作。变更参数测量前，

也要先关闭交流电源,改动电路,再进行参数测量。所有操作结束后,应先关闭电源,再拆除电路,恢复现场。严禁带电改动电路。

2)交流电源的输出电压值,用数字式万用表测量确认后再输入待测电路中,避免发生用电事故。

七、实训报告

实训名称	RLC 串联交流电路的测量	学时	2 学时	日期	
组员					
成绩评定				教师签字:	
学习目标	1)验证电阻、电感和电容元件在串联交流电路中总电压与各元件分电压之间是否满足基尔霍夫电压定律 2)理解电阻、电感和电容串联电路中总电压与分电压之间的关系				
工具、仪表与器材	1)电工技术实验装置 2)电阻模块(用220V/25W白炽灯约150Ω代替) 3)电容模块(4μF/500V) 4)电感模块(用电感约为1H的镇流器代替) 5)数字式万用表1块				
实训电路图	1)绘制 RC 串联电路原理图,参见图2-32 2)绘制 RLC 串联电路原理图,参见图2-35				

（续）

实训名称	RLC 串联交流电路的测量		学时	2 学时	日期	
实训数据	**RC 交流串联电路数据记录表** <table><tr><td>U/V</td><td>U_R/V</td><td>U_C/V</td><td>I/mA</td></tr><tr><td>50</td><td></td><td></td><td></td></tr><tr><td>80</td><td></td><td></td><td></td></tr></table> **RLC 交流串联电路数据记录表** <table><tr><td>U/V</td><td>U_R/V</td><td>U_L/V</td><td>U_C/V</td><td>I/mA</td></tr><tr><td>80</td><td></td><td></td><td></td><td></td></tr></table>					
实训总结	根据实训数据，简述交流串联电路中各元件分电压与总电压之间的关系					

基础技能实训九

RLC 并联交流电路的测量

一、学习目标

1) 验证电阻、电感和电容元件在并联交流电路中各支路电流是否满足基尔霍夫电流定律。
2) 理解电阻、电感和电容并联电路中总电流与分电流之间的关系。

二、设备与器件

1) 电工技术实验装置。
2) 电阻模块（用 220V/25W 白炽灯约 150Ω 代替）。
3) 电容模块（4μF/500V）。
4) 电感模块（用电感约为 1H 的镇流器代替）。
5) 数字式万用表 1 块。

三、情景导入

在交流电路中，要准确区别交流电流的瞬时值与有效值的概念，并理解在任意时刻的任意节点处，电流的瞬时值满足基尔霍夫电流定律；但电流的有效值是电流的热效应定义，即如果相同时间内一直流电流与一交流电流通过电阻产生的热量相同，则这一直流电的电流值是这一交流电的有效值，因此，交流电流的有效值在任意节点处不满足基尔霍夫电流定律。

四、知识链接

在交流电路中，任意节点处，各支路电流的瞬时值形式满足基尔霍夫电流定律，即

$$i = i_1 + i_2 + \cdots + i_n \tag{2-12}$$

但是，电流的有效值 I 不满足基尔霍夫电流定律（KCL），即

$$I \neq I_1 + I_2 + \cdots + I_n \tag{2-13}$$

五、实施步骤

1) 根据如图 2-36 所示的 RLC 并联电路原理图，调节所需电源。将实验所需交流电源电压调节至 50V。在电工技术实验装置中，将 AC/DC 指示切换按钮置于"高"位，即"交流（AC）"模式；打开交流电源开关，旋转黑色电压调节旋钮"减小/

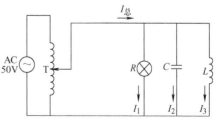

图 2-36 RLC 并联电路原理图

增大",将交流电压调节至50V,并用数字式万用表在"AC调压输出"端口进行测量,确保交流电压为有效值50V。交流电源调节完毕后,关闭交流电源开关。

2)根据图2-36搭建好电路的其余部分。

3)打开交流电源将电压设定为50V,完成电路相关参数的测量,如实记录数据于实训报告中。

六、注意事项

1)交流电路操作时一定谨记用电安全,先调节好所需电源值,搭建电路前务必关闭交流电源。待实物电路搭建正确无误后,方可合上电源,开始相关操作。变更参数测量前,也要先关闭交流电源,改动电路,再进行参数测量。所有操作结束后,应先关闭电源,再拆除电路,恢复现场。严禁带电改动电路。

2)交流电源的输出电压值,用数字式万用表测量确认后再输入待测电路中,避免发生用电安全事故。

七、实训报告

实训名称	RLC 并联交流电路的测量	学时	2 学时	日期	
组员					
成绩评定				教师签字:	
学习目标	1)验证电阻、电感和电容元件在并联交流电路中各支路电流是否满足基尔霍夫电流定律 2)理解电阻、电感和电容并联电路中总电流与分电流之间的关系				
工具、仪表与器材	1)电工技术实验装置 2)电阻模块(用220V/25W白炽灯约150Ω代替) 3)电容模块(4μF/500V) 4)电感模块(用电感约为1H的镇流器代替) 5)数字式万用表1块				
实训电路图	绘制 RLC 并联电路原理图,参见图2-36				

（续）

实训名称	RLC 并联交流电路的测量		学时	2 学时	日期	
实训数据	**RLC 交流并联电路数据记录表**					
	U/V	I_R/mA	I_C/mA		I_L/mA	$I_总/mA$
	50					
实训总结	根据实训数据，简述交流并联电路中各支路电流间的关系					

基础技能实训十

功率因数的提高

一、学习目标

1）掌握提高功率因数的方法。
2）学会判定无功功率的正确补偿和过度补偿。

二、设备与器件

1）电工技术实验装置。
2）510Ω 电阻。
3）电容模块（4μF/500V、2μF/500V）。
4）电感模块（用电感约为 1H 的镇流器代替）。

三、情景导入

在输出相同的有功功率的情况下，适当提高功率因数，可以减小电流，从而可以减少电路中上产生的无功功率损耗，提高发电机的容量利用率，即如果功率因数提高，同容量的发电机可以输出更多的有功功率。

四、知识链接

1. 功率因数

功率因数是指电力网中负载所消耗的有功功率与其视在功率的比值，即

$$\cos\varphi = \frac{P}{UI} \tag{2-14}$$

2. 提高功率因数的方法

提高功率因数的首要任务是减小电源与负载间的无功互换功率规模，而不改变原负载的工作状态。因此，感性负载需并联容性元件去补偿其无功功率，容性负载则需并联感性负载去补偿其无功功率。

由于一般工矿企业中的电力负荷主要是电动机、变压器等，都属于感性负载，其无功功率是属于感性无功功率，其值大于零，所以一般需要并联容性元件，使电感中的磁场能量与电容器的电场能量进行交换，从而减小电源与负载间无功功率的互换。

3. 正确提高感性电路的功率因数

提高感性电路的功率因数，通常采用并联电容的形式实现，如图 2-37a 所示。但并联的电容不是越大越好：若电容值 C 适当增大，则电流 I_C 也将增大，I 将进一步减小（图 2-37b 所示），使电感中的磁场能与电容中的电场能进行交换，减小了电源与负载间的无功功率转

换规模，电路中无功功率得到了正确补偿，功率因数得到了提高。但不是 C 越大 I 越小。若不断增大电容 C，电流 I_C 也将不断增大，使电路中的总电流超前总电压，电路由感性变为容性，便出现了无功功率的过度补偿（图2-37c所示），此时，电路的功率因数又会因为无功功率的过度补偿而减小。

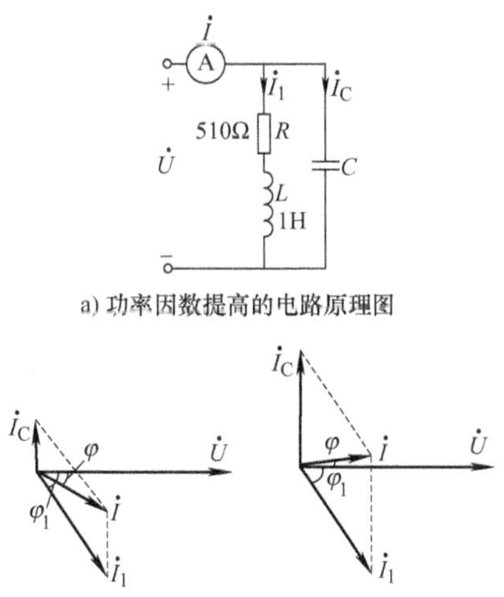

五、实施步骤

1) 本实训用低压交流电源 24V 作为电源，如图2-38所示。确保电源开关关闭的情况下，按照图2-37a所示，先将 510Ω 电阻与 1H 的镇流器构成串联电路，串联一个交流电流表后，再与低压交流电源相连接构成闭合回路。

2) 打开低压交流电源，读取交流电流表的数据，即电路中总电流 I 的值，记录于实训报告中。

3) 关闭低压交流电源，如图2-37a所示，在 RL 串联电路的右侧并联 2μF/500V 交流电容。

4) 打开低压交流电源，读取电流表数据，记录总电流 I 的值于实训报告中。

5) 关闭低压交流电源，将 RL 串联电路的右侧并联的交流电容换成 4μF/500V 交流电容。

6) 打开低压交流电源，读取电流表数据，记录总电流 I 的值于实训报告中。

7) 根据电流测量数据，判定并联哪个电容时电路为正常补偿，功率因数在提高；并联哪个电容时电路为过度补偿，功率因数在减小。

a) 功率因数提高的电路原理图

b) 正常补偿相量图　c) 过度补偿相量图

图2-37　功率因数提高的分析

图2-38　低压交流电源

六、注意事项

1) 交流电路操作时一定谨记用电安全，先调节好所需电源值，搭建电路前务必关闭交流电源。待实物电路搭建正确无误后，方可合上电源，开始相关操作。变更参数测量前，也要先关闭交流电源，改动电路，再进行参数测量。所有操作结束后，应先关闭电源，再拆除电路，恢复现场。严禁带电改动电路。

2) 交流电源的输出电压值，用数字式万用表测量确认后再输入待测电路中，避免发生用电安全事故。

七、实训报告

实训名称	功率因数的提高	学时	2学时	日期	
组员					
成绩评定				教师签字：	

(续)

实训名称	功率因数的提高		学时	2学时	日期	
学习目标	1）掌握提高功率因数的方法 2）学会判定功率因数的正确补偿和过度补偿					
工具、仪表与器材	1）电工技术实验装置 2）510Ω 电阻 3）电容模块（4μF/500V、2μF/500V） 4）电感模块（用电感约为1H的镇流器代替）					
实训电路图	绘制功率因数提高电路原理图，参见图2-37a					

实训数据

功率因数提高参数记录表

名称	总电流 I/A		
	RL 串联电路	并联 2μF 交流电容	并联 4μF 交流电容
测量值			
补偿判定	—		

实训总结：根据实训数据，简述提高功率因数的常用方法，以及提高功率因数后电路的变化

基础技能实训十一

三相负载的星形联结

一、学习目标

1）熟悉三相负载作星形联结的方法。
2）验证三相负载星形联结电路中，相电压、线电压之间的关系。
3）掌握三相四线制电路中性线的作用。

二、设备与器件

1）电工技术实验装置。
2）三相负载电路模块（电阻性负载用同规格白炽灯代替）。
3）数字式万用表1块。

三、情景导入

三相负载的星形联结是照明电路中常采用的一种连接方式，对于负载不对称的星形联结电路，中性线起到至关重要的作用。本实训通过模拟照明电路的对称与不对称连接，测量电路中的相关参数，验证中性线的作用，让学习者进一步理解在三相负载星形联结不对称电路下中性线的作用。

四、知识链接

1）三相对称电源接三相对称负载电路中，相电压与线电压有如下关系：

$$\dot{U}_l = \sqrt{3}\ \dot{U}_p \angle 30°、\qquad U_l = \sqrt{3}\ U_p \tag{2-15}$$

2）三相对称电源接三相对称负载电路中，有中性线时，中性线上无电流，即

$$\dot{I}_N = \dot{I}_A + \dot{I}_B + \dot{I}_C = 0 \tag{2-16}$$

三相对称负载电路无中性线时，不影响负载正常工作。

3）三相对称电源接三相不对称负载时，必须有中性线，且中性线上有电流，即

$$\dot{I}_N = \dot{I}_A + \dot{I}_B + \dot{I}_C \neq 0 \tag{2-17}$$

三相不对称负载电路无中性线时，会导致三相负载不能正常工作，为此必须有中性线连接，才能保证三相负载的正常工作。

五、实施步骤

1. 三相对称负载电路参数的测量

1）本实训采用220V三相交流电源供电。电工技术实验装置中的三相交流电源如图2-39

所示，不"启动"三相交流电源。

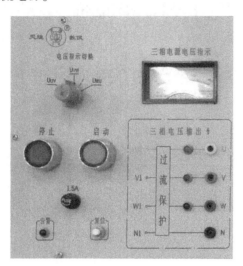

图 2-39 三相交流电源

2）根据图 2-40a 所示，将同规格的 6 个白炽灯安装在三相负载电路模块（图 2-40b 所示）中，构成三相对称负载的星形联结，并与三相交流电源相连。

3）实物电路搭建正确后，接通三相负载的开关，"启动"三相交流电源，用真有效值交流电压表与真有效值交流电流表（图 2-41）完成相关参数的测量，并如实记录数据于实训报告中。

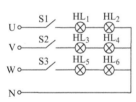 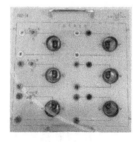  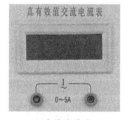

a) 电路图　　　　　b) 三相负载电路模块　　　　a) 交流电压表　　　　b) 交流电流表

图 2-40 三相对称负载的连接　　　　　图 2-41 交流电压表与交流电流表

2. 三相不对称负载电路参数的测量

1）完成三相对称负载电路参数的测量后，切记"停止"三相交流电源。

2）断开任意一相负载（如断开 U 相负载），即可构成三相不对称负载电路。

3）"启动"三相交流电源，测量此时电路的相关数据，记录于实训报告中。

六、注意事项

1）交流电路操作时一定谨记用电安全，先调节好所需电源值，搭建电路前务必关闭交流电源。待实物电路搭建正确无误后，方可合上电源，开始相关操作。变更参数测量前，也要先关闭交流电源，改动电路，再进行参数测量。所有操作结束后，应先关闭电源，再拆除电路，恢复现场。严禁带电改动电路。

2）交流电源的输出电压值，用数字式万用表测量确认后再输入待测电路中，避免发生用电安全事故。

七、实训报告

实训名称	三相负载的星形联结			学时	2学时	日期	
组员							
成绩评定						教师签字：	
学习目标	1）熟悉三相负载作星形联结的方法 2）验证三相负载星形联结电路中，相电压、线电压之间的关系 3）掌握三相四线制电路中性线的作用						
工具、仪表与器材	1）电工技术实验装置 2）三相负载电路模块（电阻性负载用同规格白炽灯代替） 3）数字式万用表1块						
实训电路图	绘制三相对称负载电路原理图，参见图2-40a						

三相对称负载星形连接实训数据记录表

实训数据	测试项目	相电压			线电压			相电流			线电流			中性线电流
		U_U/V	U_V/V	U_W/V	U_{UV}/V	U_{VW}/V	U_{WU}/V	I_U/mA	I_V/mA	I_W/mA	I_{UV}/mA	I_{VW}/mA	I_{WU}/mA	I_N/mA
	有中性线													
	无中性线													—

（续）

实训名称	三相负载的星形联结	学时	2 学时	日期	

实训数据

三相不对称负载星形联结实训数据记录表

测试项目	相电压			线电压			相电流			线电流			中性线电流
	U_U/V	U_V/V	U_W/V	U_{UV}/V	U_{VW}/V	U_{WU}/V	I_U/mA	I_V/mA	I_W/mA	I_{UV}/mA	I_{VW}/mA	I_{WU}/mA	I_N/mA
有中性线													
无中性线													—

实训总结

1）简述三相交流电路中，对称负载与不对称负载作星形联结时，中性线电流的区别

2）简述三相四线制交流电路中中性线的作用

基础技能实训十二

三相负载的三角形联结

一、学习目标

1）掌握三相负载作三角形联结的方法。
2）验证负载作三角形联结时，线电流与相电流之间的关系。

二、设备与器件

1）电工技术实验装置。
2）三相负载电路模块（电阻性负载用同规格白炽灯代替）。
3）数字式万用表 1 块。

三、情景导入

三相负载三角形联结电路只能是三相三线制电路，不管负载是否对称，电路中的负载相电压都等于线电压。但负载不对称或相线断开一相后，电路会发生相应改变。通过本技能实训，可以让学习者直观地了解哪种开路状态对三相三线制电路有影响，哪种开路状态对三相三线制电路无影响，从而加深对三相负载三角形联结电路的理解与掌握。

四、知识链接

1）当三相负载对称连接时，如图 2-42a 所示，其线电流、相电流之间的关系为

$$\dot{I}_1 = \sqrt{3}\ \dot{I}_p\ \underline{/-30°}, I_1 = \sqrt{3}I_p \tag{2-18}$$

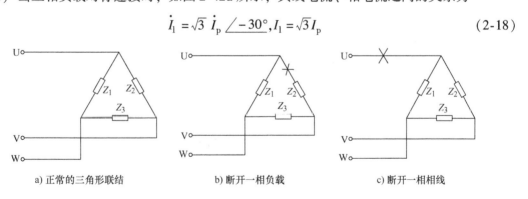

a）正常的三角形联结　　　b）断开一相负载　　　c）断开一相相线

图 2-42　三相负载的不同三角形联结方式

当三相负载不对称作三角形联结时，将导致两相的线电流、一相的相电流发生变化。此时，线电流与相电流的关系将不满足式(2-18)。

2）当负载作三角形联结，且一相负载断路，如图 2-42b 所示，此时只有故障相 Z_2 不能

正常工作，其余两相仍能正常工作。

3）当负载作三角形联结，一相相线断开时，如图2-42c所示，此时Z_1与Z_2两相负载电压小于正常电压，不能正常工作；而Z_3相仍能正常工作。

五、实施步骤

1）不"启动"三相交流电源，按照图2-43接好三相负载三角形联结电路。

2）将三相对称负载对应接入三相交流电源U、V、W中，开关S_1、S_2、S_3均闭合，"启动"三相交流电源，用交流电压表和交流电流表测量相关数据，记录于实训报告中。

3）上述参数测量完毕后，"停止"三相交流电源，断开一相负载，连接好仪表，"启动"三相交流电源，进行相关参数的测量，记录数据于实训报告中。

4）上述参数测量完毕后，"停止"三相交流电源，断开一相相线，连接好仪表，"启动"三相交流电源，进行相关参数的测量，记录数据于实训报告中。

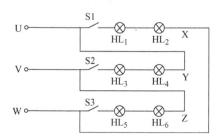

图2-43 三相负载三角形联结电路

六、注意事项

1）交流电路操作时一定谨记用电安全，先调节好所需电源值，搭建电路前务必关闭交流电源。待实物电路搭建正确无误后，方可合上电源，开始相关操作。变更参数测量前，也要先关闭交流电源，改动电路，再进行参数测量。所有操作结束后，应先关闭电源，再拆除电路，恢复现场。严禁带电改动电路。

2）交流电源的输出电压值，用数字万用表测量确认后再输入待测电路中，避免发生用电安全事故。

七、实训报告

实训名称	三相负载的三角形联结	学时	2学时	日期	
组员					
成绩评定				教师签字：	
学习目标	1）掌握三相负载作三角形联结的方法 2）验证负载作三角形联结时线电流与相电流之间的关系				
工具、仪表与器材	1）电工技术实验装置 2）三相负载电路模块（电阻性负载用同规格白炽灯代替） 3）数字式万用表1块。				
实训电路图	绘制三相负载三角形联结电路原理图，参见图2-43				

(续)

实训名称	三相负载的三角形联结				学时		2 学时		日期		

实训数据	三相对称负载三角形联结正常电路数据记录表								
	测量项目	线电流			相电流			线电压		
		I_{UV}/mA	I_{VW}/mA	I_{WU}/mA	I_U/mA	I_V/mA	I_W/mA	U_{UV}/V	U_{VW}/V	U_{WU}/V
	正常电路									
	三相对称负载三角形联结电路断开一相负载测量数据记录表								
	测量项目	线电流			相电流			线电压		
		I_{UV}/mA	I_{VW}/mA	I_{WU}/mA	I_U/mA	I_V/mA	I_W/mA	U_{UV}/V	U_{VW}/V	U_{WU}/V
	断开一相负载									
	三相对称负载三角形联结电路断开一相相线测量数据记录表								
	测量项目	线电流			相电流			线电压		
		I_{UV}/mA	I_{VW}/mA	I_{WU}/mA	I_U/mA	I_V/mA	I_W/mA	U_{UV}/V	U_{VW}/V	U_{WU}/V
	断开一相相线									

实训总结

1）简述三相负载三角形联结时，负载对称与不对称对电路的影响

2）简述三相负载三角形时，电源不对称对三相三线制电路的影响

基础技能实训十三

互感电路

一、学习目标

1）学会用交流法判定两个线圈的同名端。
2）理解互感的概念，掌握互感系数的测定方法。

二、设备与器件

1）电工技术实验装置。
2）空心互感线圈 2 个。
3）数字式万用表 1 块。

三、情景导入

互感现象被广泛应用于无线电技术、电磁测量及传感器技术。通过互感线圈能够使能量或信号由一个线圈方便地传递到另一个线圈。电工、无线电技术中使用的各种变压器都是互感器件。常见的有电力变压器、中周变压器、输入输出变压器、电压互感器和电流互感器等。

四、知识链接

（1）互感的概念 两个相邻的闭合线圈，当线圈 1 中电流变化时，其所激发的变化磁场会在它相邻的线圈 2 中产生感应电动势；同样，线圈 2 中电流变化时，也会在线圈 1 中产生感应电动势。这种现象称为互感现象，所产生的感应电动势称为互感电动势。

互感电动势的大小除了与两个线圈的几何尺寸、形状、匝数及导磁材料的性能有关外，还与两个线圈的相对位置有关。

（2）互感的应用 利用互感现象可以把能量从一个线圈传递到另一个线圈，即互感现象可以把能量从一个电路传递到另一个电路。互感在电工技术和电子技术中有广泛应用。变压器就是利用互感现象制成的。

（3）互感系数 互感系数是互感现象中的一个电路中所感生的磁通除以在另一个电路中产生该磁通的电流，单位为 H。

五、实施步骤

1. 交流法判定互相线圈的同名端

1）按照交流法判定互感线圈同名端的电路原理图（如图 2-44 所示），准备好低压交流电源（≤24V），如图 2-45 所示。用万用表确认电压值后，关闭"电源开关"。

2）如图 2-44 所示，将线圈 N_1 和线圈 N_2 的任意两端（如 2、4 端）连接在一起，将其中的一个线圈（如 N_1）连接到低压交流电源中，并串联接入一个交流电流表，另一线圈（如 N_2）开路。

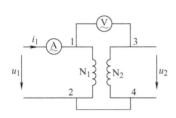

图 2-44　交流法判定同名端电路原理图　　　图 2-45　低压交流电源

3）打开低压交流电源，使流过电流表的电流小于 0.5A。然后用交流电压表分别测量出电压 U_{13}、U_{12}、U_{34}，并记录于实训报告中。

4）若 $U_{13} = U_{12} - U_{34}$，则 1、3 端是同名端；若 $U_{13} = U_{12} + U_{34}$，则 1、4 端是同名端。

2. 互感系数的测定

1）准备好低压交流电源（≤24V），用万用表确认电压值后，关闭电源开关。

2）如图 2-44 所示，将其中的一个线圈（如 N_1）连接到低压交流电源中，并串联接入一个交流电流表，拆除 2、4 两点间的连线，另一线圈（如 N_2）开路。

3）打开低压交流电源，使流过电流表的电流小于 0.5A。用交流电压表测量出 U_2 的值，用交流电流表测量出电流值 I_1，并记录数据于实训报告中。

4）根据公式计算出互感系数 $M = U_2/\omega I_1$，其中 $\omega = 2\pi f$。

六、注意事项

1）交流电路操作时一定谨记用电安全，先调节好所需电源值，搭建电路前务必关闭交流电源。待实物电路搭建正确无误后，方可合上电源，开始相关操作。变更参数测量前，也要先关闭交流电源，改动电路，再进行参数测量。所有操作结束后，应先关闭电源，再拆除电路，恢复现场。严禁带电改动电路。

2）交流电源的输出电压值，用数字式万用表测量确认后再输入待测电路中，避免发生用电安全事故。

七、实训报告

实训名称	互感电路	学时	2 学时	日期	
组员					
成绩评定				教师签字：	
学习目标	1）学会用交流法判定两个线圈的同名端 2）理解互感的概念，掌握互感系数的测定方法				
工具、仪表与器材	1）电工技术实验装置 2）空心互感线圈 2 个 3）数字式万用表 1 块				

（续）

实训名称	互感电路		学时	2学时	日期	
实训电路图	绘制交流法判定同名端的电路原理图，参见图2-44					
实训数据	互感线圈同名端判定的参数测量					
	U_{12}/V	U_{13}/V	U_{34}/V	U_{12}、U_{13}、U_{34}的关系	判定两线圈的同名端	
	互感系数测量记录					
	U_2/V		I_1/A	互感系数 $M=U_2/\omega I_1$，其中 $\omega=2\pi f$		
实训总结	简述本技能实训的心得体会					

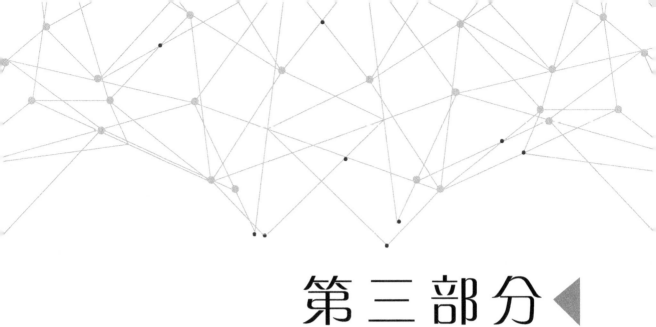

第三部分

电工技术综合技能实训

综合技能实训一

三相异步电动机极性的判定

一、学习目标

按照国家相关标准,使用万用表,利用直流法正确判定三相异步电动机三相定子绕组的极性,并画出其接线图。

二、实训要求

1) 学会正确使用电工工具和仪表。
2) 用导线正确连接电路,掌握直流法判定三相异步电动机三相定子绕组极性的方法。
3) 增强电工规范操作意识,培养良好的电工技能习惯。

三、情景导入

当三相异步电动机接线板损坏,定子绕组 6 个线头分不清楚时,不可盲目接线,以免引起电动机内部故障,因此必须分清 6 个线头的首尾端后才能接线。新电动机在使用前也要进行首尾端的判别,以防出厂时标注错误。所以,在使用三相异步电动机之前,首先要进行电动机的极性判定。

四、知识链接

1. 三相异步电动机的结构

三相异步电动机是感应电动机的一种,是靠同时接入 380V 三相交流电源(相位差 120°)供电的一类电动机,由于三相异步电动机的转子与定子旋转磁场以相同的方向、不同的转速旋转,存在转差率,所以叫作三相异步电动机,如图 3-1 所示。

三相异步电动机是由定子和转子两个基本部分组成的,它们之间由气隙分开。如图 3-2 所示,定子是电动机的静止部分,包括机座、定子铁心和定子绕组等部分。

图 3-1 三相异步电动机的外形结构

图 3-2 电动机定子结构

机座用铸铁或铸钢制成,起支撑作用。定子铁心如图3-3所示,由内圆周表面均匀冲有线槽的圆环形硅钢片叠压而成,该线槽用来放置定子绕组。定子绕组是电动机的电路部分,通入三相交流电后可产生旋转磁场。

2. 三相异步电动机的转动原理

当电动机的三相定子绕组(各相差120°电角度),通入三相对称交流电后,产生一个旋转磁场,该旋转磁场切割转子绕组,从而在转子绕组中产生感应电流(转子绕组是闭合通路),载流的转子导体在定子旋转磁场作用下产生电磁力,从而在电动机转轴上形成电磁转矩,驱动电动机旋转,并且电动机旋转方向与旋转磁场方向相同。

图3-3 定子铁心

五、实施步骤

1. 指针式万用表使用前的准备

1)外观检查。目测,确保万用表外观无破损。

2)机械调零。将万用表水平放置在操作台上,用一字螺钉旋具调节万用表的机械调零旋钮,直至指针指向表盘的左侧电压零刻度线位置,完成机械调零操作。

3)欧姆调零。将万用表功能旋钮旋至"Ω"档,档位旋钮旋至量程"100";万用表红表笔插入"+"接线端,黑表笔插入"﹡"接线端。短接红黑表笔,调节欧姆调零旋钮,使指针指向表盘的右侧电阻零刻度线,完成欧姆调零操作。

MF500型指针式万用表如图3-4所示。

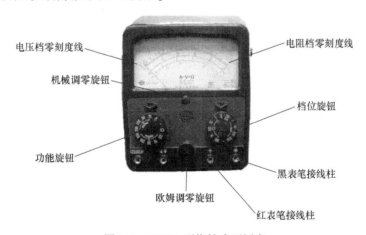

图3-4 MF500型指针式万用表

2. 用直流法正确判定三相异步电动机三相定子绕组的极性

1)如图3-5a所示,打开接线盒;拆除连接片,如图3-5b所示。

2)在6个接线端上引出6根引出线。用导线分别引出6根引出线,线长约为20cm,如图3-6所示。

3)找出同相绕组。将万用表功能旋钮调节至"Ω"档,档位旋钮旋至量程"100";测量电动机的任意两个引出线间的阻值。若R为固定阻值,则两引出线对应的接线端属于同

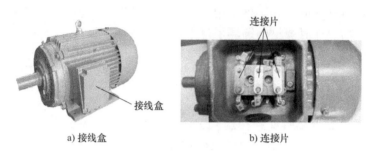

a) 接线盒　　　　　　　　　b) 连接片

图 3-5　电动机接线盒内部结构

一绕组，并做好标记；若 R 为无穷大，则两线头对应的接线端不属于同一绕组。

4）用直流法判断出三组线头的首尾端，即极性判定。

√ 取任一同相绕组，自定义其首尾端，并做好标记。

√ 如图 3-7 所示，将定义好首尾端的绕组与开关 S 和 3V 直流电源构成串联电路，并保证开关 S 处于断开状态。

√ 将万用表功能旋钮调至"A"档，档位旋钮调至"μA"档。

√ 万用表的红、黑表笔分别接入另一绕组的两个引出线。

√ 合上开关 S 的瞬间，观测指针偏转情况：若指针正偏（向右摆动），则说明万用表黑表笔对应的接线端与电源正极对应的接线端同为绕组的首端或尾端。若指针反偏（向左摆动），则万用表红表笔所对应的接线端与电源正极所对应的接线端同为首端或尾端。同理，可测出另一绕组的首、尾端。

√ 用不同颜色的标签标注三相异步电动机的 6 个首尾端，完成三相定子绕组的极性判定。

图 3-6　引出 6 根引出线

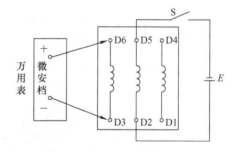

图 3-7　直流法判定三相异步电动机极性接线图

六、注意事项

1）正确放置指针式万用表，并在使用前进行外观检查、机械调零和欧姆调零。

2）找出电动机同相绕组的两个线头后，要进行明确标记。

3）用直流法判定绕组极性时，应在开关闭合瞬间观察万用表的指针摆动情况，进行绕组极性的判定。不要在开关闭合一段时间后，或是在开关断开瞬间观察指针摆动情况，后两种方式会引起判定错误。

4）实训结束后，先关闭 3V 直流电源，再拆除各引出线，安装连接片，盖好接线盒，整理好设备，清理好现场。

5）万用表使用完毕后，应将其调至空档或交流电压最高档。

七、实训报告

实训名称	三相异步电动机极性的判定		学时	2学时	日期	
组员						
成绩评定					教师签字:	
实训要求	1）学会正确使用电工工具和仪表 2）用导线正确连接电路，掌握直流法判定三相异步电动机三相定子绕组极性的方法 3）增强电工规范操作意识，培养良好的电工技能习惯					
工具、仪表与器材	1）万用表1块 2）三相异步电动机1台、3V直流电源、导线若干 3）通用电工工具1套					
技术文档	画出直流法判定三相异步电动机三相定子绕组极性的接线图，并用标签纸在电动机上标注出三相绕组					

评分标准	评价项目		配分	考核内容及评分标准	评分
	职业素养 （20分）	6S基本要求	10	1. 着装不整齐、不规范，不穿戴相关防护用品等，每项扣2分 2. 工具、仪表、材料、作品摆放不整齐，每项扣2分 3. 操作完成后未清理、清扫施工现场，扣5分	
		安全操作	10	浪费耗材，不爱惜工具，扣3分；损坏工具、仪表，扣本大项的20分；发生严重违规操作，取消操作成绩	
	实操结果及质量 （50分）	质量	30	1. 正确连接电路，每错一处扣3分 2. 按照直流法判定三相异步电动机极性的步骤，判定电动机极性，得出准确的功能结果，每错一处扣3分	
		工艺	10	导线连接牢靠，布局合理，正确放置仪表等，每错一处扣3分	
		技术文件	10	按格式要求填写相关技术文件。填写内容错误每项扣2分	
	操作过程与检测结果 （30分）	操作过程及规范	15	根据行业相关标准及规范操作。操作工序、操作规范等每错一处扣3分	
		操作结果检测	15	正确进行操作结果的检测。结果检测方法不当、检测结果错误每项扣3分	

综合技能实训二

单相变压器同名端的判定

一、学习目标

按照国家相关标准，使用万用表，利用直流法正确判定单相变压器的同名端。

二、实训要求

1) 学会正确使用电工工具和仪表。
2) 用导线正确连接电路，掌握直流法判定单相变压器同名端的方法。
3) 增强电工规范操作意识，培养良好的电工技能习惯。

三、情景导入

变压器是一种利用电磁感应原理来改变交流电压的装置。其主要构件是一次绕组、二次绕组和铁心（磁心）。主要功能有电压变换、电流变换、阻抗变换、隔离及稳压（磁饱和变压器）等。

在实际应用过程中，单个变压器两组及以上绕组的异名端串联时，二次绕组输出总电压将增大，如图3-8a所示。单个变压器两组及以上绕组的同名端串联时，二次绕组输出电压将减小或抵消，如图3-8b所示。多个变压器串联或并联使用时，约束条件会更多。

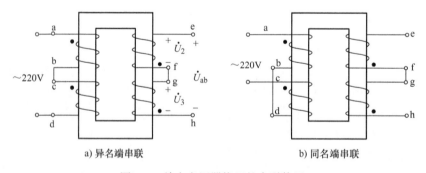

a) 异名端串联　　　　　　　　b) 同名端串联

图3-8　单个变压器绕组的串联使用

由此可知，当变压器通过改变一次绕组或二次绕组的连接方式进行变压或变流控制时，首先要进行变压器的同名端判定，否则将对变压器及后续电路带来严重损害或影响。

四、知识链接

变压器同名端（异名端）的概念表达了一个交流变压器的一次绕组与二次绕组的缠绕方式的关系。同名端（异名端）作为一个变压器重要的特征，可以快速判断出变压器工作时一次绕组与二次绕组内部电动势的相位关系。

同名端是指在同一交变磁通的作用下，任意时刻两个（或两个以上）绕组中具有相同电动势极性的端点彼此互为同名端。同名端用"·"或"*"作标识，如图3-9所示。

五、实施步骤

1) 指针式万用表使用前的准备。对指针式万用表进行外观检查，确保无破损。将万用表水平放置在工作台上，对其进行机械调零和欧姆调零后，方可使用。

2) 单相变压器使用前的检测。以BK-150型单相控制变压器（图3-10）为例，进行使用前的检测，确保变压器的一次绕组与相应接线端连接完好，二次绕组与相应接线端连接完好。

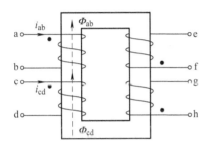

图3-9　变压器同名端的标识　　　　图3-10　BK-150型单相控制变压器

√ 用万用表的欧姆档检测变压器一次绕组，阻值约为200Ω为正常。变压器铭牌上标注一次绕组为"输入：0-2号接线端"。

√ 用万用表的欧姆档检测变压器二次绕组，阻值约为200Ω为正常。变压器铭牌上标注二次绕组为"输出：11-13、11-15、11-17号接线端"。

3) 直流法正确判定单相变压器的同名端。

√ 如图3-11所示，将单相变压器一次绕组即"输入"的两个接线端子用导线引出，并通过开关S接入3V直流电源，并保证开关处于断开状态。

√ 将万用表功能旋钮调至"A"档，档位旋钮调至"μA"档。

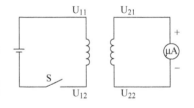

√ 万用表的红、黑表笔分别接变压器二次绕组即"输出"端的任意两个接线端上。

图3-11　直流法判定单相变压器同名端接线图

√ 合上开关S的瞬间，观测指针偏转情况；若指针正偏（向右摆动），则万用表红表笔所接的端子与电源正极所接的端子为同名端。若指针反偏（向左摆动），则万用表黑表笔所接的端子与电源正极所接的端子为同名端。

六、注意事项

1) 指针式万用表使用前必须进行外观检查、机械调零和欧姆调零，确保万用表检查合格后方可使用。

2) 直流法判定变压器同名端时，务必在开关闭合的瞬间观察万用表的指针摆动情况；不要在开关闭合一段时间后，或是在开关断开瞬间观察指针摆动情况，这两种方式会引起判定错误。

3) 导线应连接牢固，正确使用指针式万用表。

4）实训结束后，先关闭电源，再拆除导线，整理好设备，清理好现场。
5）万用表使用完毕后，务必将其调至空档或交流电压最高档。

七、实训报告

实训名称	单相变压器同名端的判定		学时	2学时	日期	
组员						
成绩评定					教师签字：	
实训要求	1）学会正确使用电工工具和仪表 2）用导线正确连接电路，掌握直流法判定单相变压器同名端的方法 3）增强电工规范操作意识，培养良好的电工技能习惯					
工具、仪表与器材	1）万用表1块 2）单相变压器1台、3V直流电源、导线若干 3）通用电工工具1套					
技术文档	画出直流法判定单相变压器同名端的接线图，并在变压器上标注出同名端					
评分标准	评价项目		配分	考核内容及评分标准		评分
	职业素养 （20分）	6S基本要求	10	1. 着装不整齐、不规范，不穿戴相关防护用品等，每项扣2分 2. 工具、仪表、材料、作品摆放不整齐，每项扣2分 3. 操作完成后未清理、清扫施工现场扣5分		
		安全操作	10	浪费耗材，不爱惜工具，扣3分；损坏工具、仪表，扣本大项的20分；发生严重违规操作，取消操作成绩		
	实操结果及质量 （50分）	质量	30	1. 正确连接电路，每错一处扣3分 2. 按照直流法判定单相变压器同名端的步骤，判定变压器同名端，得出准确的功能结果，每错一处扣3分		
		工艺	10	导线连接牢靠，布局合理，正确放置仪表等，每错一处扣3分		
		技术文件	10	按格式要求填写相关技术文件。填写内容错误每项扣2分		
	操作过程与检测结果 （30分）	操作过程及规范	15	根据行业相关标准及规范操作。操作工序、操作规范等每错一处扣3分		
		操作结果检测	15	正确进行操作结果的检测。结果检测方法不当、检测结果错误，每项扣3分		

综合技能实训三

交流接触器的拆装

一、学习目标

按照国家相关标准，使用常用电工工具，正确进行交流接触器的拆装。

二、实训要求

1) 学会正确使用电工工具和仪表。
2) 掌握交流接触器的拆装过程，并能进行检测。接触器需要拆下线圈、铁心、触头和反作用力弹簧等。
3) 增强电工规范操作意识，培养良好的电工技能习惯。

三、情景导入

在电力拖动过程中，有一种广泛应用于自动接通或断开电路的器件，即接触器。

接触器的优点是能实现远距离自动操作，具有欠电压和失电压自动释放保护功能，控制容量大，工作可靠，操作频率高，使用寿命长；适用于远距离频繁地接通和断开交、直流主电路及大容量的控制电路，其主要控制对象是电动机，也可以用于控制电热设备、电焊机以及电容器组等其他负载。因此，在电力拖动和自动控制系统中得到了广泛的应用。

接触器按主触头通过电流的种类，可分为交流接触器和直流接触器两类，如图3-12所示。

a) 交流接触器

b) 直流接触器

图3-12 交、直流接触器

四、知识链接

本综合实训重点介绍交流接触器。交流接触器以空气电磁式交流接触器应用最为广泛，其产品系列、类型最多，结构和工作原理基本相同。常用的有国产的 CJ20 和 CJ40 等系列。

1. 交流接触器的型号及含义

交流接触器的型号及含义如图 3-13 所示。

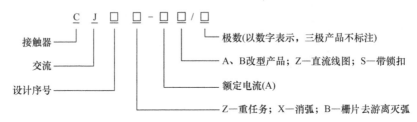

图 3-13　交流接触器的型号及含义

2. 交流接触器的结构

交流接触器主要由电磁系统、触头系统、灭弧装置、反力装置、支架与底座等几部分组成，如图 3-14 所示。

（1）电磁系统　电磁系统由电磁线圈、铁心、衔铁组成。电磁机构的功能是操作触头的闭合和断开。

（2）触头系统　触头系统是接触器的执行元件，用来接通或断开被控制电路。触头系统包括主触头和辅助触头。主触头用于通断电流较大的主电路。辅助触头用于接通或断开控制电路，只能通过较小的电流。按其原始状态可分为常开触头和常闭触头。

常开触头：原始状态（线圈未通电）为断开，线圈通电后闭合的触头。

常闭触头：原始状态闭合，线圈通电后断开的触头。

（3）灭弧装置　额定电流在 10A 以上的接触器都有灭弧装置，常采用纵缝灭弧罩与栅片灭弧装置。

（4）反力装置　包括弹簧、传动机构、接线柱和外壳等。

（5）支架与底座　用于接触器的固定和安装。

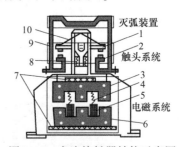

图 3-14　交流接触器结构示意图
1—动触头　2—静触头　3—衔铁　4—弹簧
5—线圈　6—铁心　7—垫毡　8—触头弹簧
9—灭弧罩　10—触头压力弹簧

3. 交流接触器的图形与文字符号

交流接触器的图形与文字符号如图 3-15 所示。

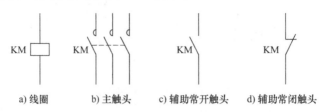

图 3-15　交流接触器的图形与文字符号

4. 交流接触器的工作原理

接触器是一种自动的电磁式开关，触头的通断是电动操作。当线圈通电后，线圈通过电流产生磁场，使静铁心产生电磁吸力，将衔铁吸合。衔铁带动触头动作，使常闭触头断开，常开触头闭合。当线圈断电时，电磁吸力消失，衔铁在反作用力弹簧的作用下释放，各触头随之复位。

五、实施步骤

本综合实训是对交流接触器进行拆装训练。

1）拆卸前的检查。接触器拆卸前要进行必要的检查，确保接触器机械功能和电气功能正常。

✓ 查看接触器外观是否完好，使用螺钉旋具检测各接线螺栓是否紧固。

✓ 断电检测，用万用表"$\Omega \times 100$"档检测线圈、常开触头、常闭触头的电阻值。线圈电阻值 R 应为某一固定值：220V 交流接触器线圈电阻值约为 600Ω，380V 交流接触器线圈电阻值约为 1500Ω。接触器压合前：常开触头电阻值 R 应为 ∞；常闭触头电阻值 R 应趋向于 0。接触器压合后：常开触头电阻值 R 应趋向于 0；常闭触头电阻值 R 应为 ∞。

2）接触器线圈通电检测，接触器的电磁系统不应有噪声。用万用表"$\Omega \times 100$"档检测常开触头和辅助常闭触头的电阻值，其结果应与"接触器压合后"测得的结果一致。

3）拆卸交流接触器。

✓ 将接触器翻转，使其底部向上，用手按压底盖板，如图 3-16a 所示；并拧松螺钉（2个），取下底盖板，如图 3-16b 所示。在取下底盖板的过程中，按压的手要慢慢松开，防止弹簧飞出丢失，保证缓冲绝缘纸片不脱落。

✓ 取下静铁心、静铁心支架、缓冲弹簧（短的 2 个）、反作用力弹簧（长的 2 个），如图 3-17 所示。

a) 松开底盖板螺钉

b) 取下底盖板，放好螺钉

图 3-16 取下底盖板，放好螺钉

图 3-17 取下静铁心、支架、缓冲弹簧、反作用力弹簧

✓ 松开线圈接线螺栓（2个），取下线圈，如图 3-18 所示。

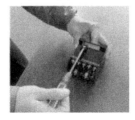
a) 松开线圈接线螺栓2个

b) 取下线圈

图 3-18 松开线圈接线螺栓，取下线圈

✓ 取下所有主、辅触头接线螺栓（14个），如图3-19所示。
✓ 取下常开静触头（10个），如图3-20所示。

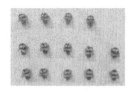 

图3-19　主、辅触头接线螺栓　　　　图3-20　常开静触头

✓ 取下动触片。用尖嘴钳夹住动触片边缘（包括主触头3个和辅助触头4个），侧旋45°，如图3-21所示，向外拉出触头；观察主触头、辅助触头的不同，并分开存放好，如图3-22所示。

 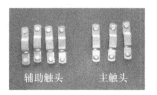

图3-21　钳住动触片　　　　图3-22　主触头和辅助触头

✓ 取下动铁心，如图3-23所示。
✓ 取下常闭静触头（共4个），如图3-24所示。

图3-23　动铁心　　　　图3-24　常闭静触头

4）装配。交流接触器按照拆卸的逆序进行装配。

5）装配后的检测。

✓ 断电检测。接触器在断电状态下，用万用表"$\Omega \times 100$"档检测线圈电阻值、常开触点及常闭触点的电阻值，其结果应与拆卸前的结果相同。线圈电阻值R应为固定值：220V交流接触器线圈电阻值约为600Ω，380V交流接触器线圈电阻值约为1500Ω。接触器压合前：常开触头电阻值R应为∞；常闭触头电阻值R应趋向于0。接触器压合后：常开触头电阻值R应趋向于0；常闭触头电阻值R应为∞。

✓ 接触器线圈通电检测。接触器接通工作所需交流电后，电磁系统不应有噪声。常开触头及常闭触头的电阻值检查，其结果应与"接触器压合后"的检测结果一致。

✓ 触头闭合时的压力测试。在断电情况下，用比触头略宽一些的0.1mm厚小纸条放入主触头或辅助触头的动、静触头之间，使接触器触头闭合，向外拉出小纸条，观察小纸条的状态，判断动、静触头间的压力是否合格，如图 3-25 所示。

a）主触头压力测试　　　　b）辅助常闭触头压力测试

图 3-25　触头压力测试

测试结果说明如下。

测试结果一：稍用力，纸条即可拉出，且纸条上有轻微划痕，触头压力合适。

测试结果二：纸条几乎不用力就很容易拉出，且纸条上没有任何划痕，触头压力过小。

测试结果三：纸条被撕裂或拉断，触头压力过大。

触头压力过小或过大都要调整触头压力弹簧或更换新弹簧直至压力符合要求。

六、注意事项

1）拆卸接触器时，应将零件分类摆放整齐、点清数量，以免缺失零件。

2）拆卸过程中不允许硬撬元器件，以免损坏电器。装配辅助静触头时，要防止卡住动触头。

3）接触器通电检测时，应确保用电安全。

4）调整触头压力时，注意不要损坏接触器的主触头。

七、实训报告

实训名称	交流接触器的拆装	学时	4 学时	日期	
组员					
成绩评定				教师签字：	
实训要求	1）学会正确使用电工工具和仪表 2）掌握交流接触器的拆装过程，并能进行检测。接触器需要拆下线圈、铁心、触头和反作用力弹簧等 3）增强电工规范操作意识，培养良好的电工技能习惯				
工具、仪表与器材	1）万用表 1 块 2）交流接触器 1 个 3）通用电工工具 1 套				

（续）

实训名称	交流接触器的拆装		学时	4学时	日期	
技术文档	1）完成交流接触器的拆装后，写出拆装步骤（接触器需要拆下线圈、铁心、触头和反作用力弹簧等） 2）写出交流接触器装配好后的测试结果，具体包括断电时线圈的电阻值、主触头及辅助触头的通断状态，通电能否正常工作等					
评分标准	评价项目		配分	考核内容及评分标准		评分
	职业素养 （20分）	6S基本要求	10	1. 着装不整齐、不规范，不穿戴相关防护用品等，每项扣2分 2. 工具、仪表、材料、作品摆放不整齐，每项扣2分 3. 操作完成后未清理、清扫施工现场扣5分		
		安全操作	10	浪费耗材，不爱惜工具，扣3分；损坏工具、仪表扣本大项的20分；发生严重违规操作，取消操作成绩		
	实操结果及质量 （50分）	质量	30	1. 按照交流接触器正确的拆卸方法和步骤进行拆卸（要求拆卸处均需拆卸），每错一处扣3分 2. 按照交流接触器正确的装配方法和步骤进行装配与调试，直至交流接触器能正常使用，每错一处扣3分		
		工艺	10	正确使用工具和仪器仪表，不得损坏交流接触器的零件和固件，每错一处扣3分		
		技术文件	10	按格式要求填写相关技术文件。填写内容错误每项扣2分		
	操作过程与检测结果 （30分）	操作过程及规范	15	根据行业相关标准及规范操作。操作工序、操作规范等每错一处扣3分		
		操作结果检测	15	正确进行操作结果的检测。结果检测方法不当、检测结果错误，每项扣3分		

综合技能实训四

电容法测量三相交流电的相序

一、学习目标

按照国家相关标准使用电容法测量三相交流电的相序。

二、实训要求

1）学会正确使用电工仪器仪表。
2）掌握电容法测量三相交流电相序的方法。
3）增强电工规范操作意识，培养良好的电工技能习惯。

三、情景导入

工厂新安装或改造三相电路时，在投入运行前及双回路并行前，均要经过定相，即判定相序，以免彼此的相序和相位不一致，投入运行时造成短路或环流而损坏设备，造成事故。

对于一些三相用电设备如闸门电动机、液压站电动机、风机电动机、螺杆泵等投入运行前也必须对三相交流电的相序进行严格的判定，否则此类三相用电设备会因为接入的电源相序错误而被损坏，造成事故。

因此，三相交流电相序的正确判别对于用电设备、工厂改装和供配电等方面都有着非常重要的意义。

四、知识链接

1. 三相交流电相序的定义

根据三相电源中各相电源经过同一值（如最大值）的先后顺序，我国定义三相交流电的相序有正序和反序两种：正序（顺时针），任何一相均在相位上超前于后一相120°，U（A）—V（B）—W（C）—U（A）。反序（逆时针），任何一相均在相位上滞后于后一相120°，U（A）—W（C）—V（B）—U（A）。

2. 相序判别的方法

相序判别分为电容法和电感法两种。电容法用于判别三相交流电源的负序，电感法用于判别三相交流电源的正序。

3. 电容法测三相交流电的相序

电容法测三相交流电的相序时，如图3-26所示，自定义接电容的那一相为A相，同时接通三相电源后，白炽灯较亮的一相为B相，白炽灯较暗的一相为C相。

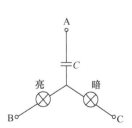

图3-26 电容法测相序的现象

电容法测三相交流电相序的基本原理：将三相交流电源中的任意一相电源接入电容，并定义其为 U（A）相。另外两相分别接入电阻性负载。在各相负载的复阻抗近乎平衡的前提下，利用不同特性负载的交流电压和电流相位关系不同可得，三相负载的电流矢量和不为零，中性点偏移，使得流过两电阻性负载相上的分电流大小不同，造成两相电阻性负载上白炽灯的发光强度不同，由此可直观判断出三相交流电的相序。

五、实施步骤

1) 本综合实训提供的电器与材料有 8μF 交流电容、白炽灯、低压断路器、导线若干。

2) 根据以下容抗计算公式，计算出实训提供的交流电容的容抗值为 _____ Ω。

$$X_C = \frac{1}{\omega C} = \frac{1}{2\pi f C}$$

3) 用万用表测量出实训提供的白炽灯的阻值约为 _____ Ω。

4) 根据电容参数计算值和白炽灯电阻的测量值，以及各相负载复阻抗大小要求相等或接近的前提，确定所需电容与白炽灯的型号与数量。

5) 设计用电容法测三相交流电相序的原理图，如图 3-27 所示。

6) 根据原理图，确定好实训所需各元器件的型号与数量后，进行元器件检测，确保其均能正常使用。

7) 在网孔板上合理布局各元器件，布局参考图如图 3-28 所示。

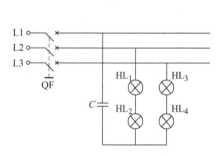 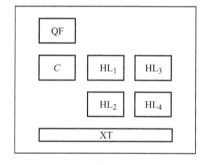

图 3-27　用电容法测三相交流电相序的原理图　　图 3-28　元器件布局图参考图

8) 根据布局图，在网孔板上完成电路的连接。

9) 用万用表进行断电情况下电路连接的检测。

10) 确保电路连接正确无误后，在教师的指导监督下接通三相交流电源，观察实训现象，判别三相交流电的相序。

六、注意事项

1) 搭建电路时，三相对称电源作无中线的星形联结，三相负载也作星形联结。

2) 三相负载的复阻抗大小必须相等或相近。

3) 各相电阻性负载必须选择规格型号相同的白炽灯。

4) 电路搭建完毕后，应做断电检测，确保电路连接无误后，必须在教师的指导监督下通电，观察实训现象。

5) 实训结束后，先断开网孔板上的低压断路器，再关闭网孔板外三相交流电源总开关，最后拆卸电路，整理恢复工位。

学生作品展示：

作品1　　　　　　　　　　作品2

电容法测相序的网孔板安装

七、实训报告

实训名称	电容法测量三相交流电的相序	学时	4学时	日期	
组员					
成绩评定				教师签字：	
实训要求	1）学会正确使用电工仪器仪表 2）掌握电容法测量三相交流电相序的方法 3）增强电工规范操作意识，培养良好的电工技能习惯					
工具、仪表与器材	1）万用表1块 2）8μF交流电容、白炽灯、低压断路器、导线若干 3）通用电工工具1套					
技术文档	1）画出用电容法测量三相交流电相序的原理图 2）写出相序判别的结果					

(续)

| 实训名称 | 电容法测量三相交流电的相序 | 学时 | 4学时 | 日期 | |

评分标准	评价项目		配分	考核内容及评分标准	评分
	职业素养（20分）	6S基本要求	10	1. 着装不整齐、不规范，不穿戴相关防护用品等，每项扣2分 2. 工具、仪表、材料、作品摆放不整齐，每项扣2分 3. 操作完成后未清理、清扫施工现场扣5分	
		安全操作	10	浪费耗材，不爱惜工具，扣3分；损坏工具、仪表扣本大项的20分；发生严重违规操作，取消操作成绩	
	实操结果及质量（50分）	质量	30	1. 正确连接电容法测量三相交流电相序的电路，每错一处扣3分 2. 电路连接好后，通电观察白炽灯的亮度，得出准确的测量结果，每错一处扣3分	
		工艺	10	导线连接牢靠，正确放置和使用工具和仪器仪表，每错一处扣3分	
		技术文件	10	按格式要求填写相关技术文件。填写内容每错一项扣2分	
	操作过程与检测结果（30分）	操作过程及规范	15	根据行业相关标准及规范操作，操作工序、操作规范等每一处扣3分	
		操作结果检测	15	正确进行操作结果的检测。结果检测方法不当、检测结果错误，每项扣3分	

综合技能实训五

等径导线的T形连接

一、学习目标

按照电工岗位标准和作业指导书的要求,完成单股等径导线(2.5mm²)的T形连接和多股等径导线(4mm²)的T形连接。

二、实训要求

1)学会正确使用电工仪器仪表。
2)掌握单股等径导线(2.5mm²)与多股等径导线(4.0mm²)的T形连接。
3)掌握导线恢复绝缘的处理方法。
4)增强电工规范操作意识,培养良好的电工技能习惯。

三、情景导入

在家庭和公共场所的布线中,经常可见线路从主干线进行分支连接,即接出一条支路,连接形状如同字母T,这样的布线方式称为导线的T形连接。

四、知识链接

1. 导线的认识

导线可以分为裸线、电磁线、绝缘电线电缆、通信电缆等,如图3-29所示。

2. 导线的命名

通常,在导线外包装或导线的绝缘层可见一串文字标识,根据图3-30所示的导线命名说明可知:第一个字母表示导线的分类代号或用途,A—安装线缆、B—布电线、F—飞机用低压线、R—日用电器用软线、Y——般工业移动电器用线、T—天线;第二个字母表示导线的绝缘材料,V—聚氯乙烯、F—氟塑料、Y—聚乙烯、X—橡胶、ST—天然丝、B—聚丙烯、SE—双丝包;第三个字母表示带护套线的导线护套层的材料,V—聚氯乙烯、H—橡套、B—编织套、L—蜡克、N—尼龙套、SK—尼龙丝;第四个字母表示导线的派生特征,P—屏蔽、R—软、S—双绞、B—平行、D—带形、T—特种。

a) 裸线

b) 电磁线

c) 绝缘电线、电缆

d) 通信电缆

图3-29 导线的认识

本综合实训用的单股 2.5mm² 导线,在导线的绝缘层处可见 BV2.5 标识,可知此导线为布电线,绝缘层材料为聚氯乙烯,导线直径为 2.5mm²;多股 4.0mm² 导线,在导线的绝缘层处可见 BVR4.0 标识,可知此导线为布电线,绝缘层材料为聚氯乙烯,多股软导线,总线径为 4.0mm²。

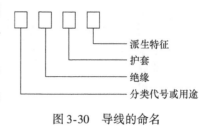

图 3-30 导线的命名

五、实施步骤

1. 单股等径导线（2.5mm²）的 T 形连接

1) 线径在 4.0mm² 及以下的塑料硬导线一般用钢丝钳或剥线钳进行绝缘层的剖削:

第一步,用左手捏住导线,按连接所需长度在需剖削线头处,用钢丝钳刀口轻轻切破绝缘层,但不可切伤线芯。

第二步,用左手拉紧导线,右手握住钳头部用力向外剥去绝缘层。

操作时注意,在剥去绝缘层时,不可在钢丝钳刀口处加剪切力,否则会切伤线芯,如图 3-31 所示。

2) 剥削导线绝缘层的长度:剥离的干线线芯长为 35~40mm,支线线芯长为 150mm,不得伤及线芯。

3) 用 0# 砂纸清洁导线表面氧化层。

图 3-31 用钢丝钳进行绝缘层的剖削

4) 将支线芯线的线头与干线芯线十字相交,在支线芯线根部留出 5mm,然后按顺时针方向缠绕 6~8 圈,如图 3-32a 所示。

5) 用钢丝钳切去余下的芯线,并钳平芯线末端,如图 3-32b 所示。

 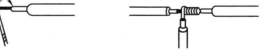

a) 支线芯线的线头与干线芯线十字相交　　b) 按顺时针方向缠绕 6~8 圈后钳平末端

图 3-32 单股等径导线的 T 形连接

2. 多股等径导线（4.0mm²）的 T 形连接

1) 塑料软导线绝缘层的剖削除用剥线钳外,仍可用钢丝钳直接剖削截面积为 4.0mm² 及以下的导线,方法与用钢丝钳剖削塑料硬线绝缘层相同。

2) 用 0# 砂纸清洁导线表面氧化层。

3) 将分支芯线散开并拉直,再把紧靠绝缘层 1/8 线段的芯线绞紧,把剩余 7/8 的芯线分成两组,一组 4 根,另一组 3 根,排齐。用螺钉旋具把干线的芯线撬开分为两组,再把支线中 4 根芯线的一组插入干线芯线中间,把 3 根芯线的一组放在干线芯线的前面,如图 3-33a 所示。

4) 把 3 根线芯的一组在干线右边按顺时针方向紧紧缠绕 3~4 圈,并钳平线端;把 4 根芯线的一组在干线的左边按逆时针方向缠绕 4~5 圈,如图 3-33b 所示。

5) 用钢丝钳切去余下的芯线,并钳平芯线末端,如图 3-33c 所示。

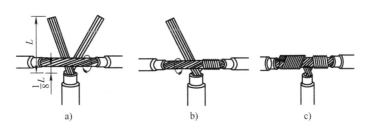

图 3-33 多股等径导线的 T 形连接

3. 导线的绝缘处理

导线进行绝缘处理时，应让绝缘胶带与导线成 55°左右的倾斜角开始缠绕，每圈压叠带宽的 1/2，如图 3-34a 所示。走一个米字形的来回，使得每根导线上都包缠两层绝缘胶带，每根导线都应包缠到完好绝缘层两倍胶带宽度处，如图 3-34b 所示。

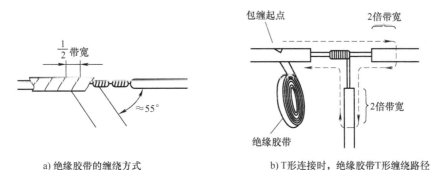

图 3-34 导线的绝缘处理

六、注意事项

1) 选用合适的剥线工具：线径在 4.0mm² 及以下的塑料导线一般用钢丝钳或剥线钳进行绝缘层的剖削，禁止使用电工刀进行导线绝缘层的剖削。

2) 剖削导线绝缘层后的裸露部分，一定要用砂纸做好去氧化层的处理。

3) 支、干导线接触紧密、稳定性要好，接触电阻小。

4) 接头的绝缘强度与导线的绝缘强度应尽量保持一致。

学生作品展示：

a) 单股等径导线不打结连接

b) 单股等径导线打结连接

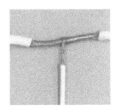
c) 多股等径导线连接

七、实训报告

实训名称	等径导线的T形连接		学时	4学时	日期	
组员						
成绩评定					教师签字:	
实训要求	1)学会正确使用电工仪器仪表 2)掌握单股等径导线（2.5mm^2）与多股等径导线（4.0mm^2）的T形连接 3)掌握导线恢复绝缘的处理方法 4)增强电工规范操作意识，培养良好的电工技能习惯					
工具、仪表与器材	1)万用表1块 2)单股导线（2.5mm^2）若干、多股导线（4.0mm^2）若干、砂纸、绝缘胶带 3)通用电工工具1套					
技术文档	1)简述单股等径导线（2.5mm^2）的T形连接操作步骤 2)简述多股等径导线（4.0mm^2）的T形连接操作步骤					

（续）

实训名称		等径导线的T形连接		学时	4学时	日期	
评分标准	\multicolumn{6}{c}{}		

	评价项目		配分	考核内容及评分标准	评分
职业素养（20分）	6S基本要求		10	1. 着装不整齐、不规范，不穿戴相关防护用品等，每项扣2分 2. 工具、仪表、材料、作品摆放不整齐，每项扣2分 3. 操作完成后未清理、清扫施工现场扣5分	
	安全操作		10	浪费耗材，不爱惜工具，扣3分；损坏工具、仪表扣本大项的20分；发生严重违规操作，取消操作成绩	
操作过程与规范（40分）	电工工具和仪表的选用		9	正确选用电工工具和仪表。工具和仪表选择不当，使用方法不正确、使用过程造成损伤，每项扣3分	
	导线剥削		9	剖削导线的绝缘层。损伤导线线芯、伤及人身，每项扣3分	
	导线连接		13	按照导线连接的标准程序进行连接。连接工序、连接位置、缠绕方法不当，每项扣3分	
	绝缘处理		9	导线连接完成后，对连接处进行绝缘包扎。绝缘胶带缠绕位置或圈数不当，每项扣3分	
实操结果及质量（40分）	质量		15	导线连接的质量达标。导线缠绕位置不准确、导线缠绕圈数不当、绝缘胶带缠绕压接不准确，每项扣5分	
	工艺		15	导线连接的工艺符合要求。导线剥削不整齐、有毛刺、导线缠绕不规则、绝缘胶带缠绕不整齐等，每项扣3分	
	技术文档		10	按格式填写相关技术文件。少写一个技术文件扣5分，填写内容错误每项扣2分	

综合技能实训六

照明电路的安装与调试

一、学习目标

按照国家相关标准在电路板上进行照明基本电路、电器、灯具的安装与调试，实现照明基本电路的控制功能。

二、实训要求

1）学会正确使用电工工具和仪表。
2）了解照明电路的基本组成。
3）在电路板上进行基本照明电路、电器、灯具的安装与调试，实现照明电路的单控与双控控制功能。
4）增强电工规范操作意识，培养良好的电工技能习惯。

三、情景导入

照明电路是生活中接触最为频繁的电路。日常生活中，照明电路主要由电能（度）表、断路器、熔断器、连接导线、开关、插座、用电器、照明灯具等部分组成。

本综合实训主要是在网孔板上模拟简单照明电路的安装与调试，实现照明灯具的单控和双控功能。

四、知识链接

1. 单相电能表

电能表又名电度表，是一种用于记录用户消耗电能多少的仪表。用于记录单相电路用电情况的电能表称为单相电能表，常见于家庭照明电路中。用于记录三相电路用电情况的电能表称为三相电能表，常用于企业或公共场所等的电路中。

电能表根据结构不同，主要分为感应式、电子式两种，如图 3-35 所示。感应式电能表是采用电磁感应原理把电压、电流、电位转变为磁力矩，推动铝制圆盘转动，圆盘的轴带动齿轮驱动计度器的鼓轮转动，转动的过程即是电能随时间量累积的过程。电子式电能表运用模拟或数字电路得到电压和电流的乘积，然后通过模拟或数字电路实现电能计量功能。

下面以图 3-35b 所示 DDS5777 型电子式单相电能表为例，简要介绍电能表上的主要参数：

a）感应式电能表

b）电子式电能表

图 3-35　电能表的外形结构

✓ 额定电压为 220V。
✓ 基本电流（最大额定电流）为 10（40）A。
✓ 频率为 50Hz，电能表常数为 360r/kW·h（表明每千瓦时铝制圆盘转 360 圈）。

不管哪种结构的单相电能表，打开电能表的接线盒后，均能发现从左到右依次有 4 个接线柱，单相电能表与单相电源的连接方法如图 3-36 所示。

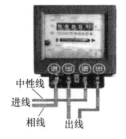

a) 接线盒内部结构 b) 连接方法

图 3-36 单相电能表与单相电源的连接方法示意图

单相电能表的 1 号接线柱连接单相电源的相线（L）进线端，3 号接线柱连接单相电源的中性线（N）进线端；2 号接线柱连接单相电源的相线（L）出线端，4 号接线柱连接单相电源的相线（N）出线端。

2. 低压断路器

低压断路器又称自动空气开关或自动空气断路器，简称断路器。它是一种既有手动开关作用，又能自动进行失电压、欠电压、过载和短路保护的电器。小型低压断路器通常工作在交流电压 400V 以下，有一极（1P）、二极（2P）、三极（3P）、四极（4P）之分，如图 3-37 所示。

a) 1P断路器 b) 2P断路器 c) 3P断路器 d) 4P断路器 e) 文字与图形符号

图 3-37 低压断路器

在照明电路中，单相电能表与低压断路器的连接方法如图 3-38 所示。

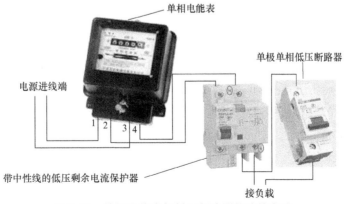

图 3-38 单相电能表与低压断路器的连接方法

单相电能表的电源出线端如果直接连接一极低压断路器时，只允许相线进入低压断路器，中性线不进断路器。否则应如图 3-38 所示，在单相电能表与低压断路器之间加入带中性线（N）的低压剩余电流保护器，单相电能表的中性线出线端必须接入剩余电流保护器 N 极标识的接线端内；剩余电流保护器的相线出线端进单极单相低压断路器，中性线直接接负载。

3. 熔断器

熔断器是指当电流超过规定值时，以其自身产生的热量使熔体熔断，从而断开电路的一种电器。它广泛应用于高低压配电系统和控制系统以及用电设备中，作为短路和过电流的保护器。目前，在单相电路系统中多采用 RT18 系列圆筒帽形熔断器，如图 3-39 所示；熔芯型号的选择可根据电路中的最大短路电流值确定。

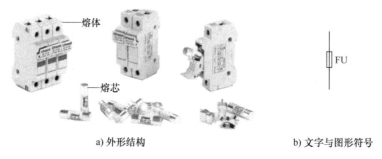

图 3-39　RT18 系列圆筒帽形熔断器

根据配电系统的需要，熔断器分为一极、二极、三极和四极熔断器。不论是单相电路还是三相电路系统中，熔断器只能安装在断路器之后的相线上，禁止中性线接入熔断器。

4. 开关

照明电路中，开关根据外形通常可分为单联开关、双联开关及多位开关集中在一个面板上的多联开关，如图 3-40 所示。

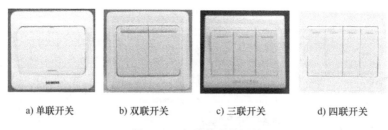

图 3-40　各种外形的开关

根据控制方式的不同，开关可分为单控开关、双控开关和多控开关。这里重点介绍单控开关和双控开关的结构以及电路连接方法。

（1）单控开关及其连接方法　如图 3-41 所示，单联单控开关面板背面有两个接线端，一个为相线的进线端，一个为相线的出线端。

如果是双联开关，开关背面接线端的个数为四个，该双联开关为双联单控开关。依此类推，如果是三联开关，开关背面接线端的个数为六个，则该三联开关为三联单控开关。四联单控开关背面接线端的个数为八个。

a) 单联单控开关面板背面　　b) 文字与图形符号　　c) 连接方法

图 3-41　单联单控开关

（2）双控开关及其连接方法　如图 3-42 所示，单联双控开关面板背面有三个接线端，其中一个接线端为公共端。单联双控开关必须两个组合使用，实现异地控制同一灯具的功能。连接方法为：每个单联双控开关的公共端接相线，其余两接线端与另一个单联双控开关的非公共端相连，如图 3-43 所示。

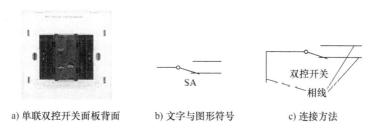

a) 单联双控开关面板背面　　b) 文字与图形符号　　c) 连接方法

图 3-42　单联双控开关

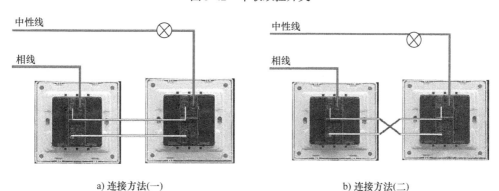

a) 连接方法(一)　　　　　　　　　　b) 连接方法(二)

图 3-43　单联双控开关控制一个灯具的连接方法

双联双控开关：如果双联开关面板背面有六个接线端，且其中有两个公共接线端，这样的双联开关称为双联双控开关，如图 3-44 所示。

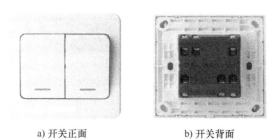

a) 开关正面　　　　b) 开关背面

图 3-44　双联双控开关

双联双控开关控制一个灯具的连接方法如图 3-45 所示，双联双控开关的两组双控开关的公共端分别连接相线，其余非公共端可如图中所示进行连接。

为保障用电安全，无论哪种外形与控制方法的开关，都只能接在相线上，禁止将各种开关接在中性线上。

5. 单相插座

常见的单相插座有单相两孔插座和单相三孔插座。

（1）单相两孔插座　单相两孔插座的结构与图形符号和连接方法如图 3-46 所示。单相两孔插座的左孔为中性线（N）端，右孔为相线（L）端。

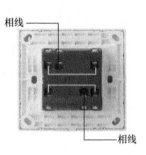

图 3-45　双联双控开关控制一个灯具的连接方法

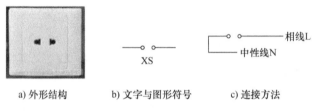

　　a）外形结构　　　　b）文字与图形符号　　　c）连接方法

图 3-46　单相两孔插座

（2）单相三孔插座　单相三孔插座的结构与图形符号和连接方法如图 3-47 所示，单相三孔插座的左孔为中性线（N）端，右孔为相线（L）端，上孔为保护接地（PE）端。

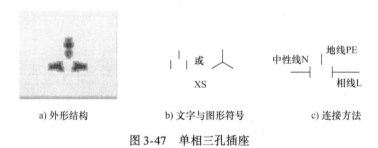

　　a）外形结构　　　　b）文字与图形符号　　　c）连接方法

图 3-47　单相三孔插座

五、实施步骤

1）本综合实训用到的电器与材料有塑料线槽板若干、单相电能表、断路器、熔断器、单联单控开关、单联双控开关、单相两孔插座、单相三孔插座、灯座、白炽灯、塑料线卡若干、护套线若干。

2）根据实训要求与提供的元器件，设计照明电路板的安装原理图，如图 3-48 所示。

3）根据原理图，确定好所需元器件的类型以及数量。

4）对各元器件进行检测，确保能正常使用。

5）在网孔板上合理布局各元器件。元器件布局参考如图 3-49 所示。

6）根据元器件布局图，在网孔板上完成电路的搭接。

7）在断电情况下，用万用表对搭建的照明电路板进行检测。

8）确保照明电路连接正确无误后，在教师现场监护下接通单相交流电源，验证照明电

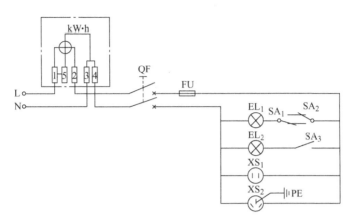

图 3-48 照明电路板安装原理图

路板安装的正确性；单相电能表能正常工作；单控开关能正确控制一盏白炽灯，双控开关能正确控制一盏白炽灯；单相两孔插座与单相三孔插座的相线、中性线连线正确，电压正确等。

六、注意事项

1）搭建电路前，正确检测各元器件的结构与功能完好性。

2）电路搭建完后，在断电情况下，用万用表检测电路搭建的正确性。

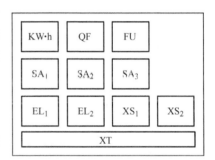

图 3-49 元器件布局参考图

3）确保电路搭建的工艺性要求。

4）通电检测时，必须有指导教师在现场监护，同时做到安全文明生产。

5）实训结束后，先关断网孔板上的各种开关，再断开低压断路器，然后关闭网孔板外交流电源总开关；最后拆卸电路，整理恢复工位。

学生作品展示：

照相电路板的安装

七、实训报告

实训名称	照明电路的安装与调试	学时	4 学时	日期	
组员					
成绩评定				教师签字：	
实训要求	1）学会正确使用电工具和仪表 2）了解照明电路的基本组成 3）在电路板上进行基本照明电路、电器、灯具的安装与调试，实现照明电路的单控与双控控制功能 4）增强电工规范操作意识，培养良好的电工技能习惯				

(续)

实训名称	照明电路的安装与调试		学时	4学时	日期	
工具、仪表与器材	1)万用表1块 2)塑料线槽板若干、单相电能表、断路器、熔断器、单联单控开关、单联双控开关、单相两孔插座、单相三孔插座、灯座、白炽灯、塑料线卡若干、护套线若干 3)通用电工工具1套					
技术文档	画出照明电路安装的原理图					

评分标准	评价项目		配分	考核内容及评分标准	评分
	职业素养 (20分)	6S基本要求	10	1. 着装不整齐、不规范,不穿戴相关防护用品等,每项扣2分 2. 工具、仪表、材料、作品摆放不整齐,每项扣2分 3. 操作完成后未清理、清扫施工现场扣5分	
		安全操作	10	浪费耗材,不爱惜工具,扣3分;损坏工具、仪表扣本大项的20分;发生严重违规操作,取消操作成绩	
	实操结果及质量 (50分)	质量	30	1. 单相电能表安装在电路板上,不能倾斜,每错一处23分 2. 能正确布线、工艺美观,符合安全要求,元器件、导线排列整齐,不松动,不压线,每错一处扣3分 3. 灯具、开关、插座的安装符合安全用电规范。即相线一定要进开关,中性线不能进熔断器和开关;单相插座接线时,应将相线接在右边插孔的接线柱,中性线接在左边,保护线接上边插孔。每错一处扣3分 4. 接上所有的用器,断开所有的开关,接上电源,逐步合上各路电源开关,各插座和灯具应按要求工作,每错一处扣3分	
		工艺	10	护套线应敷设得横平竖直,不松弛、不扭曲,不可损坏护套层,按工艺要求进行布线。每错一处扣2分	
		技术文件	10	按格式要求填写相关技术文件,填写内容错误每项扣2分	
	操作过程与检测结果 (30分)	操作过程及规范	15	根据行业相关标准及规范操作,操作工序、操作规范等每错一处扣3分	
		操作结果检测	15	正确进行操作结果的检测。结果检测方法不当、检测结果错误每项扣3分	

综合技能实训七

带电流互感器的单相电能计量电路的安装与调试

一、学习目标

按照国家相关标准进行带电流互感器的单相电能计量电路的安装与调试，实现单相电能的计量功能。

二、实训要求

1) 学会正确使用电工仪器仪表。
2) 认识电流互感器，掌握电流互感器与单相电能表的连接方法。
3) 按照单相计量电路的控制要求和工艺标准，完成带电流互感器的单相电能计量电路的安装与调试。
4) 增强电工规范操作意识，培养良好的电工技能习惯。

三、情景导入

在单相电能计量电路中，当电能表的进线端电流大于电能表可度量的额定电流时，需要将进线端电流变比减小到电能表的电流度量范围内，单相电能表才能正常工作。此时，需要在单相电能表前方加一个器件，即电流互感器。下面学习带电流互感器的单相电能计量电路的安装与调试。

四、知识链接

1. 认识电流互感器

电流互感器是依据电磁感应原理将一次侧大电流转换成二次侧小电流来测量的仪器。电流互感器的一次侧串联于被测电路负载两端，二次侧与电流表、电能表、功率表、继电器的电流线圈串联。电流互感器的二次侧不允许开路。本综合实训采用的电流互感器如图 3-50 所示。

a) 外形结构　　b) 文字与图形符号

图 3-50　电流互感器

图中电流互感器上印有 P_1 和 P_2 字样，以区别线圈的两个平面。同时，下方有两个接线柱，印有 S_1 和 S_2，与电能表进行连接。

2. 电流互感器与电源、单相电能表的连接方法

下面介绍电源线从互感器 P_1 面穿过，且单相电能表的电压连片（即电表中电流线圈 5

号接线柱与电压线圈1号接线柱间的连片）不拆除情况下，电流互感器与电源、单相电能表的连接方法。

如图3-51所示，电源的相线接入电能表的1号接线柱；且相线从电流互感器的P_1面穿入，P_2面穿出后接负载。电流互感器的S_1接线柱接入单相电能表1号接线柱，S_2接线柱接入单相电能表2号接线柱。电源的中性线接入电能表的3号接线柱，从4号接线柱引出后接负载。

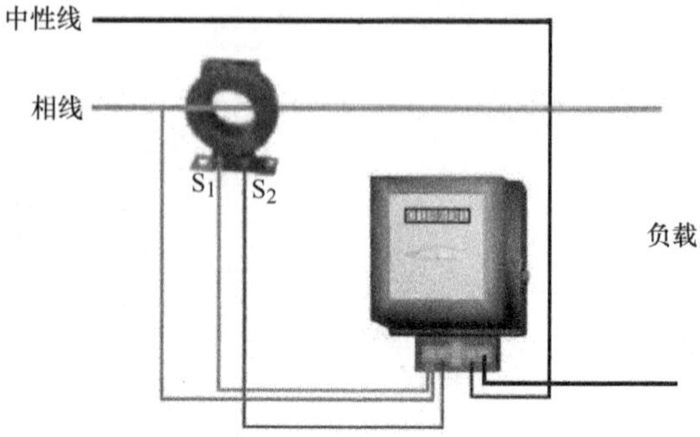

五、实施步骤

1）本综合实训用到的电器与材料有塑料线槽板若干、单相电能表、断路器、熔断器、电流互感器、单联单控开关、单联双控开关、单相两孔插座、单相三孔插座、灯座、白炽灯、塑料线卡若干、护套线若干。

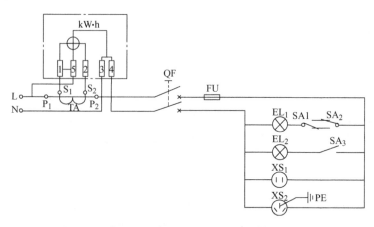

图3-51　电流互感器与电源、单相电能表间的连接方法

2）根据实训要求与提供的元器件，设计带电流互感器的单相计量电路的安装原理图，如图3-52所示。

图3-52　带电流互感器的单相电能计量电路原理图

3）根据原理图，确定好所需元器件的类型以及数量。

4）对各元器件进行检测，确保能正常使用。

5）在网孔板上合理布局各元器件。元器件布局参考如图3-53所示。

6）根据元器件布局图，在网孔板上完成电路的搭接。

7）在断电情况下，用万用表对带电流互感器的单相电能计量电路进行检测。

8）确保电路连接正确无误后，在教师的监护下接通单相交流电源，验证带电流互感器的单相电能计量

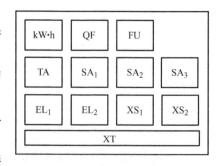

图3-53　元器件布局参考图

电路安装的正确性：电流互感器连接正确；单相电能表能正常工作；单控开关能正确控制一盏白炽灯；双控开关能正确控制一盏白炽灯；单相两孔插座与单相三孔插座的相线、中性线连线正确，电压正确等。

六、注意事项

1）搭建电路前，正确检测各元器件的结构与功能完好性。

2）电路搭建完后，在断电情况下，用万用表检测电路搭建的正确性。

3）确保电路搭建的工艺性要求。

4）通电检测时，必须有指导教师在现场监护，同时做到安全文明生产。

5）实训结束后，先关闭网孔板上的各负载开关，再断开低压断路器，然后关闭网孔板外交流电源总开关；最后拆卸电路，整理恢复工位。

带电流互感器的单相电能计量电路板的安装

学生作品展示：

七、实训报告

实训名称	带电流互感器的单相电能计量电路的安装与调试	学时	4学时	日期	
组员					
成绩评定				教师签字：	
实训要求	1）学会正确使用电工仪器仪表 2）认识电流互感器，掌握电流互感器与单相电能表的连接方法 3）按照单相计量电路的控制要求和工艺标准，完成带电流互感器的单相电能计量电路的安装与调试 4）增强电工规范操作意识，培养良好的电工技能习惯				
工具、仪表与器材	1）万用表1块 2）塑料线槽板若干、单相电能表、断路器、熔断器、电流互感器、单联单控开关、单联双控开关、单相两孔插座、单相三孔插座、灯座、白炽灯、塑料线卡若干、护套线若干 3）通用电工工具1套				
技术文档	画出带电流互感器的单相电能计量电路的原理图				

（续）

<table>
<tr><td>实训名称</td><td>带电流互感器的单相电能计量电路的安装与调试</td><td>学时</td><td>4 学时</td><td>日期</td><td></td></tr>
<tr><td>评分标准</td><td colspan="5">
<table>
<tr><th colspan="2">评价项目</th><th>配分</th><th>考核内容及评分标准</th><th>评分</th></tr>
<tr><td rowspan="2">职业素养（20 分）</td><td>6S 基本要求</td><td>10</td><td>1. 着装不整齐、不规范，不穿戴相关防护用品等，每项扣 2 分
2. 工具、仪表、材料、作品摆放不整齐，每项扣 2 分
3. 操作完成后未清理、清扫施工现场扣 5 分</td><td></td></tr>
<tr><td>安全操作</td><td>10</td><td>浪费耗材，不爱惜工具，扣 3 分；损坏工具、仪表扣本大项的 20 分；发生严重违规操作，取消操作成绩</td><td></td></tr>
<tr><td rowspan="3">实操结果及质量（50 分）</td><td>质量</td><td>30</td><td>1. 单相电能表安装在电路板上，不能倾斜，每错一处 2 分
2. 能正确布线、工艺美观、符合安全要求，元器件、导线排列整齐，不松动，不压线，每错一处扣 3 分
3. 互感器、灯具、开关、插座的安装符合安全用电规范。互感器的接线方法和缠绕圈数须符合要求。相线一定要进开关，中性线不能进熔断器和开关；单相插座接线时，应将相线接在右边插孔的接线柱，中性线接在左边插孔，保护接地线接上边插孔，每错一处扣 3 分
4. 接上所有的用电器，断开所有的开关、接上电源，逐步合上各路电源开关，各插座和灯具应按要求工作。每错一处扣 3 分</td><td></td></tr>
<tr><td>工艺</td><td>10</td><td>护套线应敷设得横平竖直，不松弛、不扭曲，不可损坏护套层，按工艺要求进行布线，每错一处扣 2 分</td><td></td></tr>
<tr><td>技术文件</td><td>10</td><td>按格式要求填写相关技术文件。填写内容错误每项扣 2 分</td><td></td></tr>
<tr><td rowspan="2">操作过程与检测结果（30 分）</td><td>操作过程及规范</td><td>15</td><td>根据行业相关标准及规范操作。操作工序、操作规范等每错一处扣 3 分</td><td></td></tr>
<tr><td>操作结果检测</td><td>15</td><td>正确进行操作结果的检测。结果检测方法不当、检测结果错误每项扣 3 分</td><td></td></tr>
</table>
</td></tr>
</table>

综合技能实训八

带电流互感器的三相电能计量电路的安装与调试

一、学习目标

按照国家相关标准进行带电流互感器的三相电能计量电路的安装与调试,实现三相电能的计量功能。

二、实训要求

1)学会正确使用电工仪器仪表。
2)认识三相电能表,掌握其连线方法。
3)将三相电能表、三相断路器、熔断器、电流互感器、三相插座、三相用电负载(三相异步电动机)等电器,按照三相计量电路的控制要求和工艺标准,完成其安装与调试。
4)增强电工规范操作意识,培养良好的电工技能习惯。

三、情景导入

工厂、学校、商场等很多公共场所多采用三相交流电路供电,最常见的三相用电负载是三相异步电动机,本综合实训主要进行带电流互感器的三相电能计量线路的安装与调试,并掌握三相用电负载、三相插座以及电流互感器、三相电能表在三相交流电路中的连接。

四、知识链接

1. 认识三相电能表

三相电能表又称三相电度表,用于测量三相交流电路中电源输出(或负载消耗)的电能。它的工作原理与单相电能表完全相同,只是在结构上采用多组驱动部件和固定在转轴上的多个铝盘的方式,以实现对三相电能的测量,如图3-54所示。

三相电能表的主要参数有:

✓ 额定电压:3×220/380V,表示该电能表工作在电源相电压为220V、线电压为380V的三相交流电源电路中。

✓ 基本电流(最大额定电流):3×10(40)A,表示各相相电流的基本电流为10A,最大额定电流为40A。

图3-54 电子式三相电能表

✓ 电能表常数:1600imp/kW·h,表示每度电指示灯闪烁1600次。

✓ 电能表工作频率为50Hz。

2. 三相电能表与三相电源的连接方法

三相四线制有功电能表(三个相线和一个中性线)为常见的三相电能计量电路用电

表，此类电能表接线盒内有 10 或 11 个接线柱。其中 1、4、7 号接线柱是三相电源各相线的进线端；3、6、9 号接线柱为各相线的出线端；10 号接线柱是中性线 N 的进线端，11 号接线柱是中性线 N 的出线端，部分三相电能表 10 与 11 号接线柱重合。具体连接方法如图 3-55 所示。

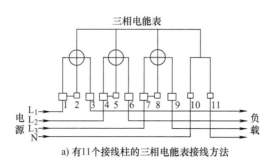

a) 有 11 个接线柱的三相电能表接线方法

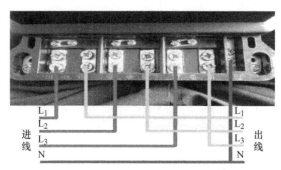

b) 有 10 个接线柱的三相电能表接线方法

图 3-55　三相电能表与三相电源间的连接示意图

3. 电流互感器与三相电能表、三相交流电源的连接

电流互感器与三相电能表的连接与单相电能表的连接方法类似：每个相线都要穿过一个电流互感器后，再接入三相电能表中。

具体接法如图 3-56 所示：各相线依次接入电能表的 1、4、7 号接线柱，且各相线从每个电流互感器的 P_1 面穿入，P_2 面穿出后接负载。三个电流互感器的 S_1 接线柱分别接入电能表 1、4、7 号接线柱，S_2 接线柱分别接入电能表 3、6、9 号接线柱。电源的中性线 N 接入电能表的 10 号接线柱，并从 10（或 11）号接线柱引出后接负载。

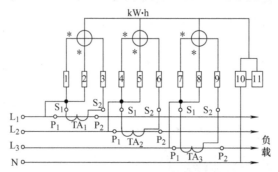

图 3-56　电流互感器与三相电能表、三相电源间的连接示意图

4. 认识三相插座

三相插座是一种用于将三相负载接入三相电源的插座,以面板孔位是四孔(接 3 根相线和 1 根中性线)的三相插座最为常见,供电电压一般为 380V 交流电,多为工业中大部分三相交流用电设备提供便捷电源的装置,如图 3-57 所示。

a) 外形结构　　　b) 图形符号　　　c) 接线方法

图 3-57　三相插座

五、实施步骤

1)本综合实训用到的电器与材料有塑料线槽板若干、三相电能表、三相断路器、熔断器、电流互感器、三相插座、三相异步电动机、塑料线卡若干、护套线若干。

2)根据实训要求与提供的元器件,设计带电流互感器的三相计量电路的安装原理图,如图 3-58 所示。

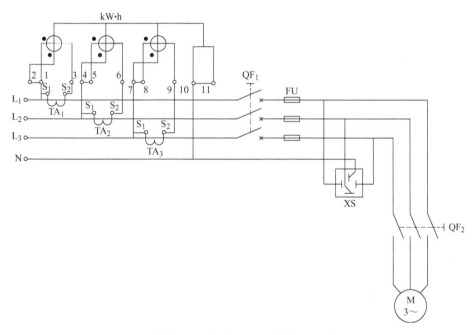

图 3-58　带电流互感器的三相电能计量电路原理图

3)根据原理图,合理设计元器件布局图,并进行电路的搭建。

4)在断电情况下,用万用表对带电流互感器的三相电能计量电路进行检测。

5)确保电路连接正确后,在教师监护下接通三相交流电源,验证电流互感器连接的正确性；验证三相电能计量电路板安装的正确性；三相电能表能正常工作；三相异步电动机通电能正常运行；三相插座连接正确，相电压、线电压值正确，中性线连接正确等。

六、注意事项

1）搭建电路前，正确检测各元器件的结构与功能完好性。
2）电路搭建完后，用万用表检测电路搭建的正确性。
3）确保电路搭建的工艺性要求。
4）通电检测时，必须有指导教师在现场监护，同时做到安全文明生产。
5）实训结束后，先关闭网孔板上的各负载开关，再断开低压断路器，然后关闭网孔板外的交流电源总开关，最后拆卸电路，整理恢复工位。

七、实训报告

实训名称	带电流互感器的三相电能计量电路的安装与调试	学时	4学时	日期	
组员					
成绩评定				教师签字：	
实训要求	1）学会正确使用电工仪器仪表 2）认识三相电能表，掌握其连线方法 3）将三相电能表、三相断路器、熔断器、电流互感器、三相插座、三相用电负载（三相异步电动机）等电器，按照三相计量电路的控制要求和工艺标准，完成其安装与调试 4）增强电工规范操作意识，培养良好的电工技能习惯					
工具、仪表与器材	1）万用表1块 2）塑料线槽板若干、三相电能表、三相断路器、熔断器、电流互感器、三相插座、三相异步电动机、塑料线卡若干、护套线若干 3）通用电工工具1套					
技术文档	画出带电流互感器的三相电能计量电路的原理图					

（续）

实训名称	带电流互感器的三相电能计量电路的安装与调试		学时	4 学时	日期	

<table>
<tr><th colspan="6">评分标准</th></tr>
<tr><td rowspan="8">评分标准</td><td colspan="2">评价项目</td><td>配分</td><td colspan="2">考核内容及评分标准</td><td>评分</td></tr>
<tr><td rowspan="2">职业素养
（20分）</td><td>6S基本要求</td><td>10</td><td colspan="2">1. 着装不整齐、不规范，不穿戴相关防护用品等，每项扣2分
2. 工具、仪表、材料、作品摆放不整齐，每项扣2分
3. 操作完成后未清理、清扫施工现场扣5分</td><td></td></tr>
<tr><td>安全操作</td><td>10</td><td colspan="2">浪费耗材，不爱惜工具，扣3分；损坏工具、仪表扣本大项的20分；发生严重违规操作，取消操作成绩</td><td></td></tr>
<tr><td rowspan="3">实操结果及质量
（50分）</td><td>质量</td><td>30</td><td colspan="2">1. 三相电度表安装在电路板上，不能倾斜，每错一处扣2分
2. 能正确布线、工艺美观、符合安全要求，元器件、导线排列整齐，不松动，不压线，每错一处扣3分
3. 插座的安装符合安全用电规范。三相插座接线时，应将接地线接在上面插孔的接线杜，每错一处扣3分
4. 接上电动机，接上电源，合上电源开关，电路能正常完成计量工作，每错一处扣3分</td><td></td></tr>
<tr><td>工艺</td><td>10</td><td colspan="2">护套线应敷设得横平竖直，不松弛、不扭曲，不可损坏护套层，按工艺要求进行布线，每错一处扣2分</td><td></td></tr>
<tr><td>技术文件</td><td>10</td><td colspan="2">按格式要求填写相关技术文件，填写内容错误每项扣2分</td><td></td></tr>
<tr><td rowspan="2">操作过程与检测结果
（30分）</td><td>操作过程及规范</td><td>15</td><td colspan="2">根据行业相关标准及规范操作，操作工序、操作规范等每错一处扣3分</td><td></td></tr>
<tr><td>操作结果检测</td><td>15</td><td colspan="2">正确进行操作结果的检测。结果检测方法不当、检测结果错误每项扣3分</td><td></td></tr>
</table>

综合技能实训九

三相异步电动机点动正转控制电路的安装与调试

一、学习目标

按照国家相关标准,进行三相异步电动机点动正转控制电路的安装与调试。掌握三相异步电动机点动正转控制电路所需要的主要控制元器件及其连线方法,正确实现电动机的点动正转控制。

二、实训要求

1) 设计系统电气原理图,并标出端子号。
2) 绘制元器件布置图。
3) 根据正确的原理图和元器件、设备,完成元器件布置并安装、接线。要求元器件布置整齐、匀称、合理,安装牢固;导线进槽美观;接线端接编码套管;接点牢固、接点处裸露导线长度合适、无毛刺;电动机和按钮接线进端子排。
4) 正确实现对三相异步电动机的点动正转控制。

三、情景导入

在企业的产品生产加工过程中,经常需要操作人员对车床进行控制。当操作人员需要快速移动车床刀架时,只需按下按钮,刀架就能快速移动;松开按钮,刀架立即停止移动。刀架的快速移动采用的是一种点动控制电路,它是通过按钮和接触器来实现电路自动控制的。

四、知识链接

1. 按钮

按钮是一种用人体某一部分(一般为手指或手掌)施加外力而操作并具有弹簧储能复位功能的控制开关。按钮的触头允许通过的电流较小,一般不超过5A。因此,一般情况下,按钮不直接控制主电路(大电流电路)的通过,而是在控制电路(小电流电路)中发出指令或信号,控制接触器、继电器等电器,再由它们去控制主电路的通断、功能转换或电气联锁。外形如图3-59所示。

图3-59 按钮的外形

按钮一般由按钮帽、复位弹簧、动触头、常闭触头和常开触头等部分组成,其结构、文字与图形图号如图 3-60 所示。

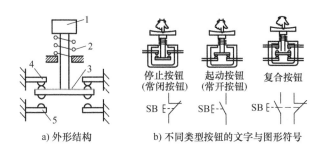

图 3-60 按钮的结构与符号
1—按钮帽 2—复位弹簧 3—动触头 4—常闭触头 5—常开触头

2. 按钮的分类

根据按钮不受外力(即静态)时触头的分合状态,可分为起动按钮(即常开按钮)、停止按钮(即常闭按钮)和复合按钮(即常开、常闭触头组合为一体的按钮)。对起动按钮而言,按下按钮时,触头闭合,松开后触头自动断开复位。停止按钮则相反,按下按钮时触头分开,松开后触头自动闭合复位。复合按钮是按下按钮时,桥式动触头向下运动,使常闭触头先断开后,常开触头才闭合;当松开按钮时,则常开触头先分断复位后,常闭触头再闭合复位。

在本综合实训中,对三相异步电动机进行点动正转控制时:按下按钮,电动机正转,松开按钮时,电动机停止运转,采用起动按钮来实现。

3. 接触器的作用

在电工学上,因为接触器是一种可快速切断交流与直流主回路、可频繁地接通与关断大电流控制电路的装置,所以经常应用于电动机等控制对象,也可用于控制工厂设备、电热器、工作母机和各样电力机组等电力负载。接触器不仅能接通和切断电路,还具有低电压释放保护作用,是自动控制系统中的重要元件之一。

五、实施步骤

三相异步电动机点动正转控制电路原理图如图 3-61 所示。

1)在连接电路前,应先熟悉起动按钮、交流接触器、断路器、熔断器的结构形式、动作原理与接线方式和方法。

2)在不通电的情况下,观察各元器件有无破损,用万用表检测各元器件功能是否正常,电源电压是否符合要求。

3)将元器件按照布置图(如图 3-62 所示)均匀、整齐、紧凑、合理地布置在网孔板上。

4)控制电路采用红色铜芯软导线,按钮线

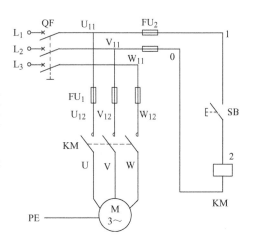

图 3-61 三相异步电动机点动正转控制电路原理图

采用红色铜芯软导线，接地线采用绿-黄双色铜芯线，线径根据电动机容量而定。布线时要符合电气原理图，先将主电路的导线配完后，再配控制回路的导线；布线还应平直、整齐、紧贴敷设面、走线合理及接点不得松动。

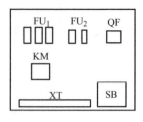

图 3-62　元器件布置图

5) 接线前应先检查电动机的外观有无异常。如条件许可，可用手转动电动机的转子，观察转子转动是否灵活，与定子的间隙是否有摩擦现象等。

6) 按照三相异步电动机点动正转控制电路原理图，检查网孔板上布线的正确性。检查时，应先自行进行认真检查；特别是二次接线，一般可采用万用表进行校线，以确保电路连接正确无误。

7) 接电源、电动机等网孔板外部的导线，接线完成后，让教师检查后方可通电进行功能检查。合上电源开关 QF 后，起动：按下起动按钮 SB，交流接触器 KM 主触头闭合，电动机 M 起动正转运行。停止：松开起动按钮 SB，交流接触器 KM 主触头断开，电动机 M 断电停运。停止使用时，断开电源开关 QF。

六、注意事项

1) 搭建电路前，正确检测各元器件的结构与功能完好性。
2) 电路搭建完后，在断电情况下用万用表检测电路搭建的正确性。
3) 确保电路搭建的工艺性要求。
4) 通电检测时，必须有指导教师在现场监护，同时做到安全文明生产。
5) 实训结束后，先关闭网孔板上的各负载开关，再断开低压断路器，然后关闭网孔板外的交流电源总开关，最后拆卸电路，整理恢复工位。

七、实训报告

实训名称	三相异步电动机点动正转控制电路的安装与调试	学时	4学时	日期	
组员					
成绩评定				教师签字：	
实训要求	1) 设计系统电气原理图，并标出端子号 2) 绘制元器件布置图 3) 根据正确的原理图和元器件、设备，完成元器件布置并安装、接线。要求元器件布置整齐、匀称、合理，安装牢固，导线进槽美观；接线端接编码套管；接点牢固、接点处裸露导线长度合适、无毛刺；电动机和按钮接线进端子排 4) 正确实现对三相异步电动机的点动正转控制				
工具、仪表与器材	1) 万用表1块 2) 三相异步电动机、断路器、起动按钮、交流接触器、熔断器、接线端子排、网孔板、塑料铜芯线、线槽板、编码套管等 3) 通用电工工具1套				

（续）

实训名称	三相异步电动机点动正转控制电路的安装与调试	学时	4 学时	日期	
技术文档	1）画出三相异步电动机点动正转控制电路的原理图 2）绘制元器件布置图 3）根据电动机参数和点动正转控制电路原理图列出元器件清单 | 序号	名称	型号	规格与主要参数	数量	备注 | |---|---|---|---|---|---| | 1 | | | | | | | 2 | | | | | | | 3 | | | | | | | 4 | | | | | | | 5 | | | | | | | 6 | | | | | | | 7 | | | | | | | 8 | | | | | | | 9 | | | | | | | 10 | | | | | | | 11 | | | | | | | 12 | | | | | | | 13 | | | | | | | 14 | | | | | | | 15 | | | | | |				

(续)

实训名称	三相异步电动机点动正转控制电路的安装与调试	学时	4学时	日期	
技术文档	4）简述系统调试步骤				

评分标准	评价项目		配分	考核内容及评分标准	评分
	职业素养与操作规范（20分）	6S基本要求	10	1. 着装不整齐、不规范，不穿戴相关防护用品等，每项扣2分 2. 工具、仪表、材料、作品摆放不整齐，每项扣2分 3. 操作完成后未清理、清扫施工现场扣5分	
		工作前准备	10	清点元器件、仪表、电工工具、电动机等，并测试元器件好坏。工具准备少一项扣2分，工具摆放不整齐扣5分	
	作品（80分）	技术文件	20	1. 主电路设计不全或设计有错，每次扣2分，控制电路设计不全或设计有错，每处扣2分。元器件文字或图形符号不对每处扣2分，主电路错扣10分，控制电路错扣10分 2. 不能正确绘制元器件布置图，扣4分 3. 元器件清单每错一处扣1分，全错扣10分 4. 不能正确写出系统的安装接线步骤，扣3分	
		元器件布置安装	10	1. 不能按规程正确布置、安装，扣5分 2. 元器件松动、不整齐，每处扣3分 3. 损坏元器件，每件扣10分 4. 不用仪表检查元器件，每件扣2分	
		安装工艺、操作规范	10	1. 导线必须沿线槽内走线，线槽出线应整齐美观。不符合要求每处扣2分 2. 电路连接、套管、标号应符合工艺要求。接线无套管、标号每处扣1分。元器件、线头松动每处扣2分，工艺不符合要求，每处扣2分 3. 安装完毕没盖盖板扣3分	
		功能调试	40	一次试车不成功扣10分；两次试车不成功扣20分	

综合技能实训十

三相异步电动机自锁正转控制电路的安装与调试

一、学习目标

按照国家相关标准进行三相异步电动机自锁正转电路的安装与调试。了解三相异步电动机接触器自锁正转控制电路的接线和操作方法;理解自锁的概念;掌握三相异步电动机的自锁正转控制的基本原理与实物连接方法。

二、实训要求

1)设计系统电气原理图,并标出端子号。
2)绘制元器件布置图。
3)根据正确的原理图和元器件、设备完成元器件布置并安装、接线。要求元器件布置整齐、匀称、合理,安装牢固;导线进槽美观;接线端接编码套管;接点牢固、接点处裸露导线长度合适、无毛刺;电动机和按钮接线进端子排。
4)正确实现对三相异步电动机的自锁正转控制。

三、情景导入

对三相异步电动机进行控制的过程中,通常有这样一种方式:按下起动按钮,电动机运转;松开起动按钮,电动机仍然保持运转状态;直到按下停止按钮,电动机才停止运行。这种电动机的控制方式就是本综合实训要学习的三相异步电动机自锁正转控制电路的安装与调试。

四、知识链接

1. 自锁

自锁控制又叫自保,是通过按下起动按钮后,让接触器线圈持续得电,保持电路接通的一种状态。通俗地讲,就是按下按钮,电动机运转;松开按钮,电动机还处于运转状态。这种状态称为自锁控制。

2. 起动按钮与停止按钮

对起动按钮而言,按下按钮时,触头闭合,松开后触头自动断开复位,其结构与文字、图形符号如图3-63a所示。停止按钮则相反,按下按钮时触头分开,松开后触头自动闭合复位,其结构

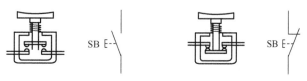

a) 起动按钮结构与文字、图形符号   b) 停止按钮结构与文字、图形符号

图3-63 起动按钮与停止按钮

与文字、图形符号如图 3-63b 所示。

3. 自锁控制电路的接线方法

通常情况下，将接触器的一对常开辅助触头并联接在起动按钮旁，如图 3-64 所示。按下起动按钮 SB_1，接触器线圈 KM 得电吸合，使其自身的常开主触头闭合，同时也使与起动按钮并联的常开辅助触头闭合；这时松开起动按钮，起动按钮 SB_1 上并联的接触器的常开辅助触头已将起动按钮短接，使控制电路仍保持接通，接触器自锁。

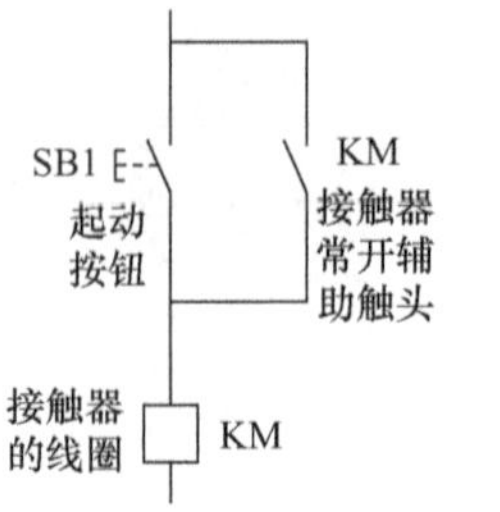

4. 自锁控制电路的作用

接触器自锁控制电路不但能使电动机连续运转，而且还具有欠电压和失电压（或零电压）保护作用。

（1）欠电压保护　欠电压是指电路电压低于电动机应加的额定电压。欠电压保护是指当线路电压下降到某一数值时，电动机能自动脱离电源停转，避免电动机在欠电压下运行的一种保护。

接触器自锁控制电路的欠电压保护：当电路电压下降到一定值（一般指低于额定电压的 85%）时，接触器线圈两端的电压也同样下降到此值，使接触器线圈磁通减弱，产生的电磁吸力减小。当电磁吸力减小到反作用弹簧的拉力时，动铁心被迫释放，主触头和自锁触头同时分断，自动切断主电路和控制电路，电动机失电停转，起到欠电压保护的作用。

（2）失电压（或零电压）保护　失电压保护是指电动机在正常运行中，由于外界某种原因突然断电时，能自动切断电动机电源；当重新供电时，保证电动机不能自行起动的一种保护。

接触器自锁控制电路也可实现失电压保护作用。接触器自锁触头和主触头在电源断电时已经分断，使控制电路和主电路都不能接通，所以在电源恢复供电时，电动机不会自行起动运转，保证了人身和设备的安全。

图 3-64　自锁控制电路的接线方法

五、实施步骤

三相异步电动机自锁正转控制电路原理图如图 3-65 所示。

1）在连接电路前，应先熟悉各按钮、交流接触器、断路器、熔断器的结构形式、动作原理与接线方式和方法。

2）在不通电的情况下，观察各元器件有无破损，用万用表检测各元器件功能是否正常，电源电压是否符合要求。

3）将元器件按照布置图（如图 3-66 所示）均匀、整齐、紧凑、合理地布置在网孔板上。

4）控制电路采用红色铜芯软导线，按钮线采用红色铜芯软导线，接地线采用绿-黄双色铜芯线，线径根据电动机容量而定。布线时要符合电气原理图，先将主电路的导线配完后，再配控制电路的导线；布线还应平直、整齐、紧贴敷设面、走线合理及接点不得松动。

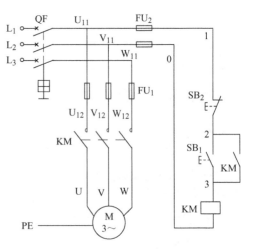

图 3-65　三相异步电动机自锁正转控制电路原理图

5)接线前应先检查电动机的外观有无异常。如条件许可,可用手转动电动机的转子,观察转子转动是否灵活,与定子的间隙是否有摩擦现象等。

6)按照三相异步电动机自锁正转控制电路原理图,检查网孔板上布线的正确性。检查时,应先自行认真检查,特别是二次接线,一般可采用万用表进行校线,以确保电路连接正确无误。

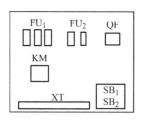

图3-66 元器件布置图

7)接电源、电动机等网孔板外部的导线,接线完成后,让教师检查后方可通电进行功能检查。合上电源开关QF后,起动:按下起动按钮SB_1,交流接触器KM线圈得电,KM主触头闭合,KM常开辅助触头闭合,电动机M起动正转运行。当松开起动按钮SB_1后,SB_1的常开触头虽然恢复分断,但接触器KM的常开辅助触头闭合时已将SB_1短接,使控制电路仍保持接通,接触器KM继续得电,电动机M实现连续正转运行。停止:在按下停止按钮SB_2切断控制电路时,交流接触器KM失电,其自锁触头分断解除自锁,起动按钮SB_1也分断;当松开停止按钮SB_2时,其自身常闭触头恢复闭合,但接触器不会自行得电,电动机M也就不会自行重新起动运转。

六、注意事项

1)搭建电路前,正确检测各元器件的结构与功能完好性。
2)电路搭建完后,在断电情况下用万用表检测电路搭建的正确性。
3)确保电路搭建的工艺性要求。
4)通电检测时,必须有指导教师在现场监护,同时做到安全文明生产。
5)实训结束后,先关闭网孔板上的各负载开关,再断开低压断路器,然后关闭网孔板外的交流电源总开关,最后拆卸电路,整理恢复工位。

七、实训报告

实训名称	三相异步电动机自锁正转控制电路的安装与调试	学时	4学时	日期	
组员					
成绩评定				教师签字:	
实训要求	1)设计系统电气原理图,并标出端子号 2)绘制元器件布置图 3)根据正确的原理图和元器件、设备完成元器件布置并安装、接线。要求元器件布置整齐、匀称、合理,安装牢固;导线进槽美观;接线端接编码套管;接点牢固、接点处裸露导线长度合适、无毛刺;电动机和按钮接线进端子排 4)正确实现对三相异步电动机的自锁正转控制				
工具、仪表与器材	1)万用表1块 2)三相异步电动机、断路器、组合三联按钮、交流接触器、熔断器、接线端子排、网孔板、塑料铜芯线、线槽板、编码套管等 3)通用电工工具1套				

（续）

实训名称	三相异步电动机自锁正转控制电路的安装与调试		学时	4学时	日期	
技术文档	1）画出三相异步电动机自锁正转控制电路的原理图 2）绘制元器件布置图 3）根据电动机参数和自锁正转控制电路原理图列出元器件清单					
	序号	名称	型号	规格与主要参数	数量	备注
	1					
	2					
	3					
	4					
	5					
	6					
	7					
	8					
	9					
	10					
	11					
	12					
	13					
	14					
	15					

(续)

实训名称	三相异步电动机自锁正转控制电路的安装与调试	学时	4学时	日期	
技术文档	4）简述系统调试步骤				

评分标准	评价项目		配分	考核内容及评分标准	评分
	职业素养与操作规范（20分）	6S基本要求	10	1. 着装不整齐、不规范，不穿戴相关防护用品等，每项扣2分 2. 工具、仪表、材料、作品摆放不整齐，每项扣2分 3. 操作完成后未清理、清扫施工现场扣5分	
		工作前准备	10	清点元器件、仪表、电工工具、电动机等，并测试元器件好坏。工具准备每少一项扣2分，工具摆放不整齐扣5分	
	作品（80分）	技术文件	20	1. 主电路设计不全或设计有错，每次扣2分，控制电路设计不全或设计有错，每处扣2分。元器件文字或图形符号不对每处扣2分，主电路错扣10分，控制电路错扣10分 2. 不能正确绘制元器件布置图，扣4分 3. 元器件清单每错一处扣1分，全错扣10分 4. 不能正确写出系统的安装接线步骤，扣3分	
		元器件布置安装	10	1. 不能按规程正确布置、安装，扣5分 2. 元器件松动、不整齐，每处扣3分 3. 损坏元器件，每件扣10分 4. 不用仪表检查元器件，每件扣2分	
		安装工艺、操作规范	10	1. 导线必须沿线槽内走线，线槽出线应整齐美观。1处不符合要求扣2分 2. 电路连接、套管、标号应符合工艺要求。接线无套管、标号每处扣1分。元器件、线头松动每处扣2分，工艺不符合要求，每处扣2分 3. 安装完毕没盖盖板扣3分	
		功能调试	40	一次试车不成功扣10分；两次试车不成功扣20分	

综合技能实训十一

具有过载保护的三相异步电动机自锁正转控制电路的安装与调试

一、学习目标

按照国家相关标准掌握具有过载保护的三相异步电动机自锁正转控制的基本原理、接线和操作方法;实现三相异步电动机的具有过载保护的自锁正转控制电路的安装与调试。

二、实训要求

1) 设计系统电气原理图,并标出端子号。
2) 绘制元器件布置图。
3) 根据正确的原理图和元器件、设备完成元器件布置并安装、接线。要求元器件布置整齐、匀称、合理,安装牢固;导线进槽美观;接线端接编码套管;接点牢固、接点处裸露导线长度合适、无毛刺;电动机和按钮的接线进端子排。
4) 正确实现三相异步电动机具有过载保护功能的自锁正转控制。

三、情景导入

电动机在运行过程中,如果长期负载过大,或起动操作频繁,或者缺相运行,都会使电动机定子绕组的电流增大,超过其额定值。在这种情况下,熔断器往往不容易熔断,从而引起定子绕组过热,使温度持续升高。若温度超过允许温升,就会造成绝缘损坏,缩短电动机的使用寿命,严重时甚至会烧毁电动机的定子绕组。因此,必须对电动机采取过载保护措施。

本综合实训重点学习具有过载保护功能的三相异步电动机自锁正转控制电路的安装与调试。

四、知识链接

1. 过载保护

过载保护是指当电动机出现过载时,能自动切断电动机的电源,使电动机停转的一种保护。

2. 热继电器

电动机控制电路中,最常用的过载保护电器是热继电器。

(1) 工作原理 热继电器的热元件串联在三相主电路中,常闭触头串联在控制电路中。若电动机在运行过程中,由于过载或其他原因使电流超过额定值,那么经过一定时间后,串联在主电路中的热元件因受热发生弯曲,通过传动机构使串联在控制电路中的常闭触头分断,切断控制电路,接触器线圈失电,其主触头和自锁触头分断,电动机失电停转,达到过载保护的目的。

（2）技术参数
✓ 额定电压：热继电器能够正常工作的最高电压值一般为交流 220V、380V、600V。
✓ 额定频率：一般而言，其额定频率按照 45~62Hz 设计。
✓ 整定电流范围：整定电流的范围由本身的特性来决定。它描述的是在一定的电流条件下热继电器的动作时间和电流的二次方成反比。

（3）外形结构与文字、图形符号　热继电器的外形结构与文字、图形符号如图 3-67 所示。

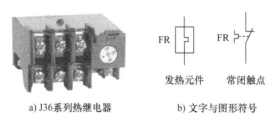

a）J36系列热继电器　　b）文字与图形符号

图 3-67　热继电器外形结构与文字、图形符号

（4）热继电器的型号含义　常用的热继电器型号有 JR20、JR36 等系列，型号与含义如图 3-68 所示。

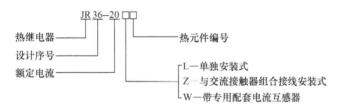

图 3-68　热继电器的型号与含义

五、实施步骤

具有过载保护功能的三相异步电动机自锁正转控制电路原理图如图 3-69 所示。

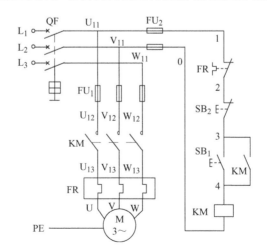

图 3-69　具有过载保护功能的三相异步电动机自锁正转控制电路原理图

1）在连接电路前，应先熟悉各按钮、交流接触器、断路器、熔断器、热继电器的结构形式、动作原理与接线方式和方法。

2）在不通电的情况下，观察各元器件有无破损，用万用表检测各元器件功能是否正常，电源电压是否符合要求。

3）将元器件按照布置图（如图3-70所示）均匀、整齐、紧凑、合理地布置在网孔板上。

4）控制电路采用红色铜芯软导线，按钮线采用红色铜芯软导线，接地线采用绿-黄双色铜芯线，线径根据电动机容量而定。布线时要符合电气原理图，先将主电路的导线配完后，再配控制电路的导线；布线还应平直、整齐、紧贴敷设面、走线合理及接点不得松动。

5）接线前应先检查电动机的外观有无异常。如条件许可，可用手转动电动机的转子，观察转子转动是否灵活，与定子的间隙是否有摩擦现象等。

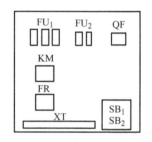

图3-70　元器件布置图

6）按照具有过载保护的三相异步电动机自锁正转控制电路原理图，检查网孔板上布线的正确性。检查时，应先自行认真检查，特别是二次接线，一般可采用万用表进行校线，以确保电路连接正确无误。

7）连接完电源、电动机等网孔板外部的导线后，让教师检查后方可通电进行功能检查。合上电源开关QF后，起动：按下起动按钮SB_1，交流接触器KM线圈得电，KM主触头闭合，KM常开辅助触头闭合，电动机M起动正转运行。当松开起动按钮SB_1后，SB_1的常开触头虽然恢复分断，但接触器KM的常开辅助触头闭合时已将SB_1短接，使控制电路仍保持接通，接触器KM继续得电，电动机M实现连续运转。若电动机在持续运转过程中，出现过载或其他原因使电流超过额定值，经过一定时间后，热继电器串联在主电路中的热元件会受热发生弯曲，通过传动机构使串联在控制电路中的常闭触头分断，切断控制电路，接触器KM线圈失电，其主触头和自锁触头分断，电动机M失电停转，达到过载保护的目的。停止：在按下停止按钮SB_2切断控制电路时，交流接触器KM失电，其自锁触头分断解除自锁，起动按钮SB_1也分断；当松开停止按钮SB_2时，其自身常闭触头恢复闭合，但接触器不会自行得电，电动机M也就不会自行重新起动运转。

六、注意事项

1）搭建电路前，正确检测各元器件的结构与功能完好性。

2）电路搭建完后，在断电情况下用万用表检测电路搭建的正确性。

3）确保电路搭建的工艺性要求。

4）通电检测时，必须有指导教师在现场监护，同时做到安全文明生产。

5）实训结束后，先关闭网孔板上的各负载开关，再断开低压断路器，然后关闭网孔板外的交流电源总开关，最后拆卸电路，整理恢复工位。

七、实训报告

实训名称	具有过载保护的三相异步电动机自锁正转控制电路的安装与调试	学时	4学时	日期	
组员					
成绩评定				教师签字：	
实训要求	1）设计系统电气原理图，并标出端子号 2）绘制元器件布置图 3）根据正确的原理图和元器件、设备完成元器件布置并安装、接线。要求元器件布置整齐、匀称、合理，安装牢固；导线进槽美观；接线端接编码套管；接点牢固、接点处裸露导线长度合适、无毛刺；电动机和按钮接线进端子排 4）正确实现三相异步电动机具有过载保护功能的自锁正转控制				
工具、仪表与器材	1）万用表1块 2）三相异步电动机、断路器、组合三联按钮、交流接触器、热继电器、熔断器、接线端子排、网孔板、塑料铜芯线、线槽板、编码套管等 3）通用电工工具1套				
技术文档	1）画出具有过载保护的三相异步电动机自锁正转控制电路原理图 2）绘制元器件布置图				

（续）

实训名称	具有过载保护的三相异步电动机自锁正转控制电路的安装与调试	学时	4 学时	日期	

技术文档

3）根据电动机参数和具有过载保护的三相异步电动机自锁正转控制电路原理图列出元器件清单

序号	名称	型号	规格与主要参数	数量	备注
1					
2					
3					
4					
5					
6					
7					
8					
9					
10					
11					
12					
13					
14					
15					

4）简述系统调试步骤

(续)

实训名称	具有过载保护的三相异步电动机自锁正转控制电路的安装与调试		学时	4 学时	日期	

	评价项目		配分	考核内容及评分标准	评分
评分标准	职业素养与操作规范（20分）	6S 基本要求	10	1. 着装不整齐、不规范，不穿戴相关防护用品等，每项扣 2 分 2. 工具、仪表、材料、作品摆放不整齐，每项扣 2 分 3. 操作完成后未清理、清扫施工现场扣 5 分	
		工作前准备	10	清点元器件、仪表、电工工具、电动机等，并测试元器件好坏。工具准备每少一项扣 2 分，工具摆放不整齐扣 5 分	
	作品（80分）	技术文件	20	1. 主电路设计不全或设计有错，每次扣 2 分，控制电路设计不全或设计有错，每处扣 2 分。元器件文字或图形符号不对每处扣 2 分，主电路错扣 10 分，控制电路错扣 10 分 2. 不能正确绘制元器件布置图，扣 4 分 3. 元器件清单每错一处扣 1 分，全错扣 10 分 4. 不能正确写出系统的安装接线步骤，扣 3 分	
		元器件布置安装	10	1. 不能按规程正确布置、安装，扣 5 分 2. 元器件松动、不整齐，每处扣 3 分 3. 损坏元器件，每件扣 10 分 4. 不用仪表检查元器件，每件扣 2 分	
		安装工艺、操作规范	10	1. 导线必须沿线槽内走线，线槽出线应整齐美观。不符合要求每处扣 2 分 2. 电路连接、套管、标号应符合工艺要求。接线无套管、标号每处扣 1 分。元器件、线头松动每处扣 2 分，工艺不符合要求每处扣 2 分 3. 安装完毕没盖盖板扣 3 分	
		功能调试	40	一次试车不成功扣 10 分；两次试车不成功扣 20 分	

综合技能实训十二

接触器互锁的三相异步电动机正反转控制电路的安装与调试

一、学习目标

按照国家相关标准进行接触器互锁的三相异步电动机正反转控制电路的安装与调试。了解接触器互锁正反转控制的接线和操作方法;理解互锁的概念;掌握接触器互锁的三相异步电动机正反转控制电路的基本原理与实物连接方法。

二、实训要求

1) 设计系统电气原理图,并标出端子号。
2) 绘制元器件布置图。
3) 根据正确的原理图和元器件、设备完成元器件布置并安装、接线。要求元器件布置整齐、匀称、合理,安装牢固;导线进槽美观;接线端接编码套管;接点牢固、接点处裸露导线长度合适、无毛刺;电动机和按钮接线进端子排。
4) 正确实现接触器互锁的三相异步电动机正反转控制。

三、情景导入

生活中随处可见左右开合或上下开合的电动门,在商场、企业等地时常会接触到上下运动的电梯,这些设备的正、反向运行都是通过电动机的正反向运转来实现的。若手动实现电动机的正反转控制,在频繁换向时,无疑增大了操作人员的劳动强度,操作安全性也较差。因此,在实际生产中,更常用的是用按钮、接触器、热继电器等元器件实现对三相异步电动机的互锁正反转控制。

本综合实训重点学习接触器互锁的三相异步电动机正反转控制电路的安装与调试。

四、知识链接

1. 三相异步电动机正反转的工作原理

三相异步电动机的旋转方向取决于磁场的旋转方向,而磁场的旋转方向又取决于电源的相序;所以,电源的相序决定了电动机的旋转方向。任意改变电源的相序时,电动机的旋转方向也会随之改变。

2. 接触器互锁(联锁)

当一个接触器得电工作时,通过其常闭辅助触头使另一个接触器不能得电工作,接触器之间这种互相制约的作用称为接触器互锁(联锁)。实现互锁作用的常闭辅助触头称为互锁触头(联锁触头),互锁(联锁)用符合"▽"表示。

3. 接触器互锁的作用

互锁电路避免了两只接触器同时得电,从而防止了由于误操作造成的主回路两相短路事故的发生。

五、实施步骤

接触器互锁的三相异步电动机正反转控制电路原理图如图 3-71 所示。

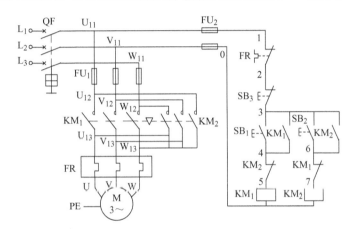

图 3-71 接触器互锁的三相异步电动机正反转控制电路原理图

1) 在连接控制电路前,应先熟悉各按钮、交流接触器、断路器、熔断器、热继电器的结构形式、动作原理与接线方式和方法。

2) 在不通电的情况下,观察各元器件有无破损,用万用表检测各元器件功能是否正常,电源电压是否符合要求。

3) 将元器件按照布置图(如图 3-72 所示)均匀、整齐、紧凑、合理地布置在网孔板上。

4) 控制电路采用红色铜芯软导线,按钮线采用红色铜芯软导线,接地线采用绿-黄双色铜芯线,线径根据电动机容量而定。布线时要符合电气原理图,先将主电路的导线配完后,再配控制电路的导线;布线应平直、整齐、紧贴敷设面、走线合理及接点不得松动。

5) 接线前应先检查电动机的外观有无异常。如条件许可,可用手转动电动机的转子,观察转子转动是否灵活,与定子的间隙是否有摩擦现象等。

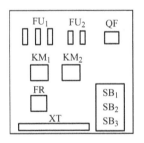

图 3-72 元器件布置图

6) 按照接触器互锁的三相异步电动机正反转控制电路原理图,检查网孔板上布线的正确性。检查时,应先自行认真检查,特别是二次接线,一般可采用万用表进行校线,以确保电路连接正确无误。

7) 连接完电源、电动机等网孔板外部的导线后,让教师检查后方可通电进行功能检查。合上电源 QF 后,正转控制:按下按钮 SB_1,KM_1 线圈得电,常开辅助触头闭合,实现自锁;常闭辅助触头断开,实现对 KM_2 的互锁,切断 KM_2 线圈电路;KM_1 主触头闭合,电动机 M 起动正转。停车:按下按钮 SB_3,整个控制电路失电,KM_1 线圈失电,KM_1 主触头分断，电动机 M 停止运行。反转控制：按下按钮 SB_2，KM_2 线圈得电，常开辅助触头闭合，实现自锁；常闭辅助触头断开，实现对 KM_1 的互锁，切断 KM_1 线圈电路；KM_2 主触头闭合，电动机 M 实现反转。停车：按下按钮 SB_3，整个控制电路失电，KM_2 线圈失电，KM_2 主触头分断，电动机 M 失电停转。

六、注意事项

1）搭建电路前，正确检测各元器件的结构与功能完好性。
2）电路搭建完后，在断电情况下用万用表检测电路搭建的正确性。
3）确保电路搭建的工艺性要求。
4）通电检测时，必须有指导教师在现场监护，同时做到安全文明生产。
5）实训结束后，先关闭网孔板上的各负载开关，再断开低压断路器，然后关闭网孔板外的交流电源总开关，最后拆卸电路，整理恢复工位。

七、实训报告

实训名称	接触器互锁的三相异步电动机正反转控制电路的安装与调试	学时	4 学时	日期	
组员					
成绩评定				教师签字：	
实训要求	1）设计系统电气原理图，并标出端子号 2）绘制元器件布置图 3）根据正确的原理图和元器件、设备完成元器件布置并安装、接线。要求元器件布置整齐、匀称、合理，安装牢固；导线进槽美观；接线端接编码套管；接点牢固、接点处裸露导线长度合适、无毛刺；电动机和按钮接线进端子排 4）正确实现接触器互锁的三相异步电动机正反转控制				
工具、仪表与器材	1）万用表 1 块 2）三相异步电动机、断路器、组合三联按钮、交流接触器、热继电器、熔断器、接线端子排、网孔板、塑料铜芯线、线槽板、编码套管等 3）通用电工工具 1 套				
技术文档	1）画出接触器互锁的三相异步电动机正反转控制电路原理图				

（续）

实训名称	接触器互锁的三相异步电动机正反转控制电路的安装与调试	学时	4学时	日期	

技术文档	2）绘制元器件布置图 3）根据电动机参数和接触器互锁的三相异步电动机正反转控制电路原理图列出元器件清单 | 序号	名称	型号	规格与主要参数	数量	备注
1					
2					
3					
4					
5					
6					
7					
8					
9					
10					
11					
12					
13					
14					
15					| 4）简述系统调试步骤

(续)

实训名称		接触器互锁的三相异步电动机正反转控制电路的安装与调试		学时	4 学时	日期	
评分标准		评价项目	配分	考核内容及评分标准			评分
	职业素养与操作规范（20分）	6S 基本要求	10	1. 着装不整齐、不规范，不穿戴相关防护用品等，每项扣2分 2. 工具、仪表、材料、作品摆放不整齐，每项扣2分 3. 操作完成后未清理、清扫施工现场扣5分			
		工作前准备	10	清点元器件、仪表、电工工具、电动机等，并测试元器件好坏。工具准备每少一项扣2分，工具摆放不整齐扣5分			
	作品（80分）	技术文件	20	1. 主电路设计不全或设计有错，每次扣2分，控制电路设计不全或设计有错，每处扣2分。元器件文字或图形符号不对每处扣2分，主电路错扣10分，控制电路错扣10分 2. 不能正确绘制元器件布置图，扣4分 3. 元器件清单每错一处扣1分，全错扣10分 4. 不能正确写出系统的安装接线步骤，扣3分			
		元器件布置安装	10	1. 不能按规程正确布置、安装，扣5分 2. 元器件松动、不整齐，每处扣3分 3. 损坏元器件，每件扣10分 4. 不用仪表检查元器件，每件扣2分			
		安装工艺、操作规范	10	1. 导线必须沿线槽内走线，线槽出线应整齐美观。不符合要求每处扣2分 2. 电路连接、套管、标号应符合工艺要求。接线无套管、标号每处扣1分。元器件、线头松动每处扣2分，工艺不符合要求每处扣2分 3. 安装完毕没盖盖板扣3分			
		功能调试	40	一次试车不成功扣10分；两次试车不成功扣20分			

综合技能实训十三

接触器按钮联锁的三相异步电动机正反转控制电路的安装与调试

一、学习目标

按照国家相关标准进行接触器按钮联锁的三相异步电动机正反转控制电路的安装与调试。掌握接触器互锁和按钮联锁的接线和操作方法；掌握接触器按钮联锁的三相异步电动机正反转控制的基本原理与实物连接要求。

二、实训要求

1）设计系统电气原理图，并标出端子号。
2）绘制元器件布置图。
3）根据正确的原理图和元器件、设备完成元器件布置并安装、接线。要求元器件布置整齐、匀称、合理，安装牢固；导线进槽美观；接线端接编码套管；接点牢固、接点处裸露导线长度合适、无毛刺；电动机和按钮接线进端子排。
4）正确实现接触器按钮联锁的三相异步电动机正反转控制。

三、情景导入

在接触器互锁的三相异步电动机正反转控制电路中，电动机从正转变为反转时，必须先按下停止按钮后，才能按反转起动按钮，否则由于接触器的联锁作用，不能实现反转。因此，电路工作安全可靠但操作不方便。

为了克服接触器互锁的三相异步电动机正反转控制电路操作不便的缺点，把正转起动按钮和反转起动按钮换成两个复合按钮，并把两个复合按钮的常闭触头串接在对方的控制电路中，构成按钮联锁正反转控制电路，就能克服接触器互锁的三相异步电动机正反转控制电路操作不便的缺点，使线路操作方便。

本综合实训重点学习接触器按钮联锁的三相异步电动机正反转控制电路的安装与调试。

四、知识链接

1. 按钮联锁（互锁）

把两个复合按钮的常闭触头串接在对方的控制电路中，就构成了按钮联锁。

2. 复合按钮

复合按钮是指按下按钮时，桥式动触头向下运动，使常闭触头先断开后，常开触头才闭合；当松开按钮时，则常开触头先分断复位后，常闭触头再闭合复位，如图 3-73 所示。

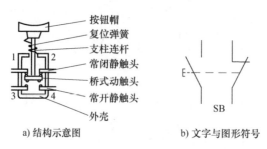

a) 结构示意图　　　　b) 文字与图形符号

图 3-73　复合按钮

五、实施步骤

接触器按钮联锁的三相异步电动机正反转控制电路原理图如图 3-74 所示。

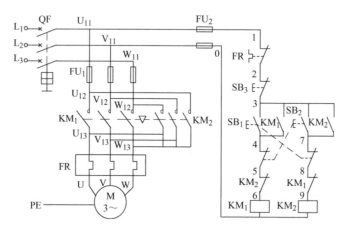

图 3-74　接触器按钮联锁的三相异步电动机正反转控制电路原理图

1）在连接控制电路前，应先熟悉各按钮、交流接触器、断路器、熔断器、热继电器的结构形式、动作原理与接线方式和方法。

2）在不通电的情况下，观察各元器件有无破损，用万用表检测各元器件功能是否正常，电源电压是否符合要求。

3）将元器件按照布置图（如图 3-75 所示）均匀、整齐、紧凑、合理地布置在网孔板上。

4）控制电路采用红色铜芯软导线，按钮线采用红色铜芯软导线，接地线采用绿-黄双色铜芯线，线径根据电动机容量而定。布线时要符合电气原理图，先将主电路的导线配完后，再配控制电路的导线；布线应平直、整齐、紧贴敷设面、走线合理及接点不得松动。

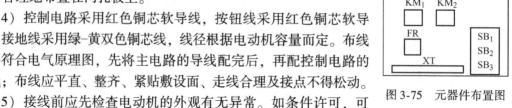

图 3-75　元器件布置图

5）接线前应先检查电动机的外观有无异常。如条件许可，可用手转动电动机的转子，观察转子转动是否灵活，与定子的间隙是否有摩擦现象等。

6）按照接触器按钮联锁的三相异步电动机正反转控制电路原理图，检查网孔板上布线的正确性。检查时，应先自行进行认真检查，特别是二次接线，一般可采用万用表进行校线，以确保电路连接正确无误。

7）连接完电源、电动机等网孔板外部的导线后，让教师检查后方可通电进行功能检查。合上电源开关 QF 后，正转控制：按下按钮 SB_1，SB_1 常闭触头先分断对 KM_2 联锁（切断反转控制电路）；SB_1 常开触头后闭合，KM_1 线圈得电；KM_1 自锁触头闭合自锁，KM_1 主触头闭合，电动机 M 连续正转；KM_1 联锁触头分断对 KM_2 联锁。反转控制：按下按钮 SB_2，SB_2 常闭触头先分断，KM_1 线圈失电；KM_1 自锁触头分断，KM_1 主触头分断，电动机 M 失电；KM_1 联锁触头恢复闭合，SB_2 常开触头闭合，KM_2 线圈得电；KM_2 自锁触头闭合自锁，KM_2 主触头闭合，电动机 M 连续反转；KM_2 联锁触头分断对 KM_1 联锁（切断正转控制电路）。若要停止，按下 SB_3，整个控制电路失电，主触头分断，电动机 M 失电停转。

六、注意事项

1）搭建电路前，正确检测各元器件的结构与功能完好性。
2）电路搭建完后，在断电情况下用万用表检测电路搭建的正确性。
3）确保电路搭建的工艺性要求。
4）通电检测时，必须有指导教师在现场监护，同时做到安全文明生产。
5）实训结束后，先关闭网孔板上的各负载开关，再断开低压断路器，再关闭网孔板外的交流电源总闸，最后拆卸电路，整理恢复工位。

七、实训报告

实训名称	接触器按钮联锁的三相异步电动机正反转控制电路的安装与调试	学时	4 学时	日期	
组员					
成绩评定				教师签字：	
实训要求	1）设计系统电气原理图，并标出端子号 2）绘制元器件布置图 3）根据正确的原理图和元器件、设备完成元器件布置并安装、接线。要求元器件布置整齐、匀称、合理，安装牢固，导线进槽美观；接线端接编码套管；接点牢固、接点处裸露导线长度合适、无毛刺；电动机和按钮接线进端子排 4）正确实现接触器按钮联锁的三相异步电动机正反转控制				
工具、仪表与器材	1）万用表 1 块 2）三相异步电动机、断路器、组合三联按钮、交流接触器、热继电器、熔断器、接线端子排、网孔板、塑料铜芯线、线槽板、编码套管等 3）通用电工工具 1 套				
技术文档	1）画出接触器按钮联锁的三相异步电动机正反转控制电路原理图				

（续）

实训名称	接触器按钮联锁的三相异步电动机正反转控制电路的安装与调试	学时	4学时	日期	
技术文档	2）绘制元器件布置图 3）根据电动机参数和接触器按钮联锁的三相异步电动机正反转控制电路原理图列出元器件清单 	序号	名称	型号	规格与主要参数	数量	备注
1					
2					
3					
4					
5					
6					
7					
8					
9					
10					
11					
12					
13					
14					
15					| 4）简述系统调试步骤					

（续）

实训名称	接触器按钮联锁的三相异步电动机正反转控制电路的安装与调试			学时	4学时	日期	
评分标准	评价项目		配分	考核内容及评分标准			评分
	职业素养与操作规范（20分）	6S基本要求	10	1. 着装不整齐、不规范，不穿戴相关防护用品等，每项扣2分 2. 工具、仪表、材料、作品摆放不整齐，每项扣2分 3. 操作完成后未清理、清扫施工现场扣5分			
		工作前准备	10	清点元器件、仪表、电工工具、电动机等，并测试元器件好坏。工具准备每少一项扣2分，工具摆放不整齐扣5分			
	作品（80分）	技术文件	20	1. 主电路设计不全或设计有错，每次扣2分，控制电路设计不全或设计有错，每处扣2分。元器件文字或图形符号不对每处扣2分，主电路错扣10分，控制电路错扣10分 2. 不能正确绘制元器件布置图，扣4分 3. 元器件清单每错一处扣1分，全错扣10分 4. 不能正确写出系统的安装接线步骤，扣3分			
		元器件布置安装	10	1. 不能按规程正确布置、安装，扣5分 2. 元器件松动、不整齐，每处扣3分 3. 损坏元器件，每件扣10分 4. 不用仪表检查元器件，每件扣2分			
		安装工艺、操作规范	10	1. 导线必须沿线槽内走线，线槽出线应整齐美观。不符合要求每处扣2分 2. 电路连接、套管、标号应符合工艺要求。接线无套管、标号每处扣1分。元器件、线头松动每处扣2分，工艺不符合要求每处扣2分 3. 安装完毕没盖盖板扣3分			
		功能调试	40	一次试车不成功扣10分；两次试车不成功扣20分			

参 考 文 献

[1] 顾阳. 电路与电工技术项目教程——教、学、做一体化［M］. 北京：电子工业出版社，2014.
[2] 杨志良. 电工技术实训［M］. 北京：北京理工大学出版社，2015.
[3] 特古斯. 电工技能实训［M］. 北京：机械工业出版社，2015.
[4] 任晓敏. 电工实训［M］. 北京：北京理工大学出版社，2013.
[5] 华满香，刘小春，等. 电气自动化技术［M］. 长沙：湖南大学出版社，2017.
[6] 石琼，宁金叶. 电子技术实训教程［M］. 北京：机械工业出版社，2018.
[7] 人力资源和社会保障部教材办公室. 电力拖动控制线路与技能训练［M］. 北京：中国劳动社会保障出版社，2014.